电解水与燃料电池应用基础

DIANJIESHUI YU RANLIAO DIANCHI YINGYONG JICHU

薄丽丽　编著

甘肃科学技术出版社

甘肃·兰州

图书在版编目(CIP)数据

电解水与燃料电池应用基础 / 薄丽丽编著. -- 兰州：甘肃科学技术出版社，2023.10
ISBN 978-7-5424-3137-0

Ⅰ. ①电… Ⅱ. ①薄… Ⅲ. ①水溶液电解—研究②燃料电池—研究 Ⅳ. ①O646.51②TM911.4

中国国家版本馆CIP数据核字(2023)第198255号

电解水与燃料电池应用基础

薄丽丽　编著

责任编辑　陈学祥
封面设计　麦朵设计

出　版　甘肃科学技术出版社
社　址　兰州市城关区曹家巷1号　730030
电　话　0931-2131572（编辑部）　0931-8773237（发行部）

发　行　甘肃科学技术出版社　　印　刷　兰州银声印务有限公司
开　本　880毫米×1230毫米　1/32　　印　张　5.75　插页　2　字数　149千
版　次　2023年11月第1版
印　次　2023年11月第1次印刷
印　数　1~2300
书　号　ISBN 978-7-5424-3137-0　　定　价　68.00元

图书若有破损、缺页可随时与本社联系：0931-8773237

前 言

能源是人类社会发展的物质基础。传统化石能源的不断消耗以及大量使用化石能源带来的环境问题，促使世界各国大力开发可再生清洁能源。清洁能源的转化和存储技术已成为人类社会可持续发展的必然要求和我国的重大战略需求。为了应对过度碳排放引起的气候变化，促进全球绿色低碳转型，我国正在采取更加有力的政策和措施，努力实现碳达峰和碳中和。这为我国清洁能源转化和存储技术的发展提出了更高的要求

氢能由于其绿色、零碳排放以及能量密度高而成为最受青睐的清洁能源之一。科学家们甚至称21世纪为“氢能时代”。在诸多制氢技术中，电解水因操作简便、技术可靠、产生的氢气纯度高而被认为是最绿色的可循环制氢技术之一。首先，利用可再生能源，如风能、太阳能等发电，用以电解水，产生的氢气和氧气可作为原料供给氢氧燃料电池，将氢能转化为电能，同时生成水。因此，电解水制氢和氢氧燃料电池互为逆反应。将两个反应组合在一起就能实现氢能和水资源的循环利用。然而，在发展电解水和燃料电池，促进其大规模应用的过程中，有许多应用基础问题需要解决。

本书全面介绍了碱性介质中电催化的基础知识以及在碱性条件下与清洁能源转化技术电解水制氢和燃料电池相关的电催化反应，包括析氢反应、析氧反应、氢氧化反应和氧还原反应的基本原理，催化剂的设计、制备、性能优化和评价及应用前景，特别是碱性燃

料电池和电解水技术。本书为科学理解碱性介质中电催化能源转化的基本原理提供参考，为超低贵金属含量催化剂和非贵金属催化剂的设计、开发提供借鉴。

本书可作为化学、材料科学等基础与应用学科高年级本科生和研究生教材，或从事电催化及清洁能源转化相关领域研究的科研工作者和技术人员的参考书。

编者

2023 年 9 月

目 录

第一章 绪　论

我们的时代面临的重大挑战之一是如何以可持续和对环境负责的方式满足日益增长的全球能源需求。虽然化石燃料的使用极大地提高了我们的生活水平，但与其提取和燃烧相关的过程同时对环境产生了不利的后果，造成污染和碳排放。因此，将能源格局从化石燃料转向可再生能源技术将在应对复杂的环境和经济挑战方面发挥关键作用。降低碳排放最有前途的技术之一是氢燃料电池和电解水产氢。氢燃料电池可以将氢能直接转化为电能，能源效率比内燃机高 2~3 倍。考虑到 H_2 的高能量密度（120 MJ/kg）和快速填充时间（约 5 min），氢燃料电池已成为为长途电动汽车（EV）提供动力的关键能源技术。水电解槽是大规模生产 H_2 的具有成本竞争力的技术，如果由可再生电力驱动，则可能实现零碳排放。这两种技术显示出平衡间歇性太阳能 / 风能与现有电网持续供电需求之间不匹配的潜力。

尽管燃料电池早在 1839 年由 William Grove 发明，但直到一个世纪后，Francis Thomas Bacon 于 1932 年发明碱性燃料电池（AFC）时，它们才具有了实际用途。1959 年，以 Ni 为电极，克服浓 KOH 腐蚀的 5 kW AFC 电堆建成运行，工厂效率为 60%。从那时起，AFC 在 20 世纪 60 年代中期被 NASA 建成用作阿波罗任务和航天飞机计划的发电机，这些计划使用纯氢气和氧气。然而，当碱性燃料电池在日常汽车应用中使用空气运行时，KOH 溶液会与 CO_2 发生反应并产生碳酸盐，碳酸盐会沉淀并堵塞多孔电极并降低电解质的离子电导率，从而导致性能下降。后来，通用电气公司的 William Grubb 和 Leonard Niedrach 在 20 世纪 60 年代开发出了质子交换膜燃料电池（PEMFC），并短暂用于 NASA 双子座计划。然而，PEM 中的水管理问题使其可靠性较差，竞争力不如 AFC。因此，AFC 在 20 世纪 90 年代被 NASA 用作主要电力系统。后来的多项关键创新，特别是杜邦公司 Walther Grot 发现的 Nafion 膜、铂基合金中的低铂负载量以及薄膜电极组件（MEA），极大地降低了 PEMFC 的成本并提高了其可靠性。PEMFC 的配置可实现电池体积小、重量轻、耐 CO_2 且无须腐蚀性电解质，这使得 PEMFC 比 AFC 具有巨大优势，特别是在电动汽车的应用方面。

经过 20 多年的发展，质子交换膜燃料电池使全球燃料电池电动汽车（FCEV）市场稳步增长。然而，质子交换膜燃料电池本质上需要大量稀缺且昂贵的铂基电催化剂来促进缓慢的氧还原反应（ORR）。然而，只需极少量的 Pt 即可催化酸中的快速氢氧化反应（HOR）。Pt 基催化剂成本预计将成为 PEMFC 总成本中占比最大的组成部分（高达 40%）。作为替代方案，阴离子交换膜燃料电池（AEMFC）越来越受到关注，因为它们可以使用非贵金属（非 PGM）电催化剂，并且 AEM 可以有效缓解 KOH 中的碳酸盐沉淀问题。非贵金属 ORR 电催化剂，例如 3d 金属或金属氧化物、钙钛矿和含金属 N 掺杂碳，因其成本低、活性前景好和耐用性高而具有吸引力。然而，AEMFC 还面临另一个挑战，Pt 上的 HOR 速率在碱性介质中比在酸性介质中慢两个数量级，导致氢阳极所需的 Pt 负载量明显更高。因此，必须开发新的低铂和最终的非铂族金属 HOR 电催化剂，以便能够大规模、低成本地实施高性能碱性燃料电池技术。

目前，已采用各种命名方案来描述碱性燃料电池技术，例如阴离子交换膜燃料电池（AEMFC）、碱性阴离子交换膜燃料电池（AAEMFC）、碱性膜燃料电池（AMFC）、碱性聚合物电解质燃料电池（APEFC）和氢氧化物交换膜燃料电池（HEMFC）。在本书中，选择 AEMFC 与 PEMFC 并联，并阐述了同时使用氢氧化物和碳酸盐传导装置的可能性。尽管 AEMFC 的优点早已得到认可，但 AEMFC 的早期原型仍然使用 Pt 来催化 ORR 和 HOR。据报道，2008 年，由 Zhuang 等人使用 Ag 阴极、Ni-Cr 阳极和季铵功能化聚（亚芳基醚砜）（QAPS）膜构建的第一个采用非 PGM 电催化剂的 AEMFC 功率密度峰值（PPD）为 50 mW/cm^2。经过 10 年在 AEMFC 方面的广泛研究，最近使用非贵金属 Co-Mn 尖晶石氧化物阴极、Pt-Ru 阳极和聚（p-pterphenyl-piperidinium）（QAPPT）膜，实现了超过 1 W/cm^2 的 MEA 性能，性能提高超过了 20 倍，部分源于以下方面的关键进展：高导电、碱稳定阴离子和离子交换膜 / 离子聚合物的研制、非贵金属 ORR/HOR 电催化剂及 MEA 制备工艺的优化以及测试技术的提高。现在，AEMFCS 的初始 MEA 性能可以和最先进的 PEMFCs 相比。然而，实用的 FCEV 不仅需要获得高的初始性能，而且在 MEA 操作期间要保持长久的稳定性。而非贵金属电催化剂将为燃料电池新技术的开发带来可能性，揭示电催化剂在膜上的降解机理，以实现 AEMFC 稳定地运行数百到数千小时。这些用于研究碱性燃料电池和水电解槽的技术可以扩展到发展其他碱基能源技术，如液流电池、CO_2 和 N_2 电还原以及其他电化学过程，如偶联反应生物质延长链长。本书将全面介绍碱性介质中的电催化及其在碱性介质中能源转化技术中的应用，特别是碱性燃料电池和水电解槽。在本书中，我们首先建立一个在析氢和析氧过程中，单电子/多电子转移过程的热力学框架，然后讨论碱性环境中质子耦合和电子转移过程。这些理论研究和概念为碱性介质中氢氧化/析出反应（HOR/HER）和氧还原/析出反应（ORR/OER）的实验研究奠定了基础。特别关注具有可调晶面和阶梯结构的结构确定的单晶，特别是Pt，以提供对碱性介质中HOR和ORR机制在原子和分子水平上的理解。我们提出了电化学测量来识别Tafel、Heyrovsky和Volmer步骤中HOR/HER的决速步（RDS）。然后，讨论各种HOR/HER活性描述符的光谱和理论研究，包括H结合能、电子和亲氧效应、碱金属阳离子吸附和界面水结构。碱性介质中缓慢的HOR动力学被认为是由更刚性的水网引起的，因为相对于酸性介质，所施加的电势远离零自由电荷电势（pzfc）。本书介绍了纳米颗粒HOR电催化剂的精选示例，包括Pt基合金、非Pt PGM合金（Pd、Ru等）和非贵金属Ni基材料。特别是在MEA测量中，碳负载的Pt－Ru与Pt相比表现出优异的HOR活性，而镍基电催化剂在所有非贵金属基催化剂中表现出最高的HOR活性和良好的耐久性。

本书的一个重要部分侧重于对复杂ORR机制的理解以及非PGM ORR电催化剂的设计——碱性燃料电池核心的关键组件。基于广泛的电化学、光谱和理论证据，提出了酸性和碱性介质中一般的ORR机制，涉及在酸中被吸附的HO_2、H_2O_2、OH和在碱中被吸附的O^-、H_2O^-和OH^-。反应中间体在分叉点之前通过$4e^-$过程形成水，或通过$2e^-$过程形成过氧化物，这在很大程度上决定了ORR活性和选择性。Pt单晶提供了一个模型系统，可以彻底研究晶面、阶梯结构、pH、阳离子吸附和温度对ORR动力学的影响。通过实验/原位振动光谱和理论模拟，特别关注空间解析界面水网络及其与共吸附OH^-的密切相互作用。阶梯式Pt上的电势和pH依赖性界面水结构通过零总/自由电荷电势（pztc/pzfc）和最大熵电势（pme）

进行严格量化。

碱性介质中非贵金属氧化物的 ORR 机制和活性描述符的识别也极大地受益于对完美的原子平台氧化物薄膜的研究，例如钙钛矿（如 $LaMO_3$）和金红石（如 RuO_2）。最近，尽管 Co-Mn 尖晶石在旋转圆盘电极（RDE）测量中的活性不高，但在 MEA 测量中，其性能优于同类单金属氧化物催化剂和作为氧阴极的 Pt/C，这归因于 Co 和 Mn 之间的协同效应。为了解决氧化物固有的低电导率问题，人们正在研究 3d 金属氮化物来增强对 ORR 的催化活性，不过金属氮化物的长期稳定性需要进一步研究。以原子尺寸分散在氮掺杂碳材料（M-N-C）中的金属由于具有良好的结构和成分可调性、高活性和低成本，正在成为一类新的有前景的非 PGM ORR 电催化剂。讨论了 ORR 活性位点的化学特性，例如 Fe-N-C 中的 FeN_4，以及可能的 ORR 途径。最后，提出了设计非 Pt PGM 催化剂（包括 Pd、Ru 和 Ag）的策略，旨在发展更多能够提供高电流和高功率密度的应用于 AEMFC 的催化剂，而不是仅仅依赖于 Pt 基 ORR PEMFC 中的电催化剂。还鼓励感兴趣的读者阅读有关酸性和碱性介质中 ORR 电催化剂的其他早期报道。

载体材料对于电催化剂同样重要，因为它们不仅为催化剂纳米粒子提供稳定的负载 / 结合位点，而且通过形成连续的多孔通道提供电子、离子和物质传递的路径。本书回顾了碳和非碳载体，并讨论了催化剂与载体之间的相互作用如何调节 AEMFC 中的催化剂活性、稳定性和传质过程。碳结构由于其导电性高、比表面积大、电化学稳定性高以及价格低廉而成为最广泛使用的负载材料。非碳载体，包括氧化物、氮化物和碳化物，可以与催化剂纳米粒子产生更强的相互作用，从而提高活性和稳定性。然而，这些材料要获得和碳材料一样高的比表面积和电导率仍然是一个挑战。

碱性膜和离子聚合物与负载型电催化剂结合，构成催化剂膜涂层（CCM），这是 MEA 的核心组件。本书对碱性膜和离子聚合物的设计和合成进行了全面的总结。阳离子基团的稳定性取决于温度、氢氧化物浓度和反应容器的类型。因此，需要制定碱性溶液稳定性测试的标准方案，以便能够在整个领域进行客观比较。在升高 pH 和温度的各种溶液中，阳离子的碱性稳定性可归纳为三类：季铵类、咪唑鎓和鏻。聚合物主链的设计允许足够的阳离子结合，以实现高离子电导率（离子交换容量）和适当的吸水率，同时保持机械完整性和在碱性介质中的长期稳定性。本书从聚合物结构、形态、离子交换电导率、稳定性和加工性能的角度，回顾了各种聚合物主链的优点和挑战，包括聚亚芳基、聚芴、聚苯乙烯、聚乙烯和聚降冰片烯。通过各种表征技术研究了碳酸盐的动态形成以及阴极和阳极处的水分布。由于离子聚合物与电催化剂非常接近，因此在 RDE 和 MEA 测量中研究了有机阳离子吸附对催化剂的影响。

大多数 AEM 的稳定性在碱性溶液中进行了初步检验，结果表明在燃料电池运行期间必须对 MEA 进行更现实的评估。尽管许多电催化剂在 RDE 测量中表现出令人印象深刻的活性和稳定性，但很少有电催化剂能够转化为 AEMFC 中可比的 MEA 性能。RDE-MEA 差异源于基本原理——它们的界面性质（固-液与固-液-气）、传质、工作温度和测试条件存在差异。因此，为了整合上述电催化剂、载体和 AEM/离子聚合物的各个组成部分，我们建议电极材料和膜的开发应包括早期开发中的 MEA 装置测试。我们引入标准 MEA 制造和测试协议，以解决与设备工程动力学和质量传输相关的科学挑战。全面概述了 AEMFC 初始性能的进展，重点介绍了非 PGM 氧阴极和氢阳极。回顾了选定 AEM 的 MEA 稳定性，包括基于聚亚芳基、聚乙烯和聚降冰片烯的 AEM，它们受到传质、水分布以及催

化剂和膜 / 离子聚合物降解变化的影响。详细讨论了空气中 CO_2 的影响。由于碳酸化而导致性能下降的根源与阴极处的 CO_2 吸入和阳极处的“自净化”有关。特别关注借助数值建模来了解纳米尺度和介观尺度的离子、气体和电子传输。

本书介绍了碱性介质中电催化的重要研究进展、潜在应用前景及存在的重大挑战。

第二章 氢氧电催化的热力学和动力学

ORR 和 HOR 是电化学领域研究最多的课题之一。然而，这两个反应的电催化界面上发生的反应步骤仍然无法确定。结合实验和理论方法，形成基于 DFT 的微动力学模型（MKM），可以提供有关反应发生时催化活性位点的性质以及每个反应步骤对整个反应的单独贡献的信息。因此，在本章中，我们介绍 ORR 和 HOR 的关键反应步骤以及制定 MKM 时考虑的主要假设。在这种情况下，将特别关注基本步骤的热力学和动力学方面的讨论。

2.1 氢气氧化反应（HOR）理论

氢气氧化和析出反应（HOR/HER）对于燃料电池和水电解槽非常重要。尽管 Pt 在酸性介质中对 HOR/HER 具有很高的活性，但在碱性介质中则明显较慢。因此，了解控制电催化过程的反应机制和途径至关重要。整个 HOR 反应可写为 $H_2 \leftrightarrow 2H^+ + 2e^-$（酸性介质中）；$H_2 + 2OH^- \leftrightarrow 2H_2O + 2e^-$（碱性介质中）。微观上，HOR 通过两步过程进行，即 H_2 化学吸附（Tafel 步骤）或电化学吸附（Heyrovsky 步骤），然后是吸附的 H 被氧化解吸（Volmer 步骤）。

如图 2-1 所示，Tafel 步骤是 H_2 解离的化学过程，涉及两个活性位点，而 Heyrovsky 步骤只需要一个位点。对于 Volmer 步骤，

H_{ad}从活性位点被氧化去除，形成H^+酸或H_2O与碱中的OH^-反应。

反应机理	酸性介质	碱性介质
Tafel 步骤	$H_2 \leftrightarrow 2\,H_{ad}$	$H_2 \leftrightarrow 2\,H_{ad}$
Heyrovsky 步骤	$H_2 \leftrightarrow H_{ad} + H^+ + e^-$	$H_2 + OH^- \leftrightarrow H_{ad} + e^- + H_2O$
Volmer 步骤	$H_{ad} \leftrightarrow H^+ + e^-$	$H_{ad} + OH^- \leftrightarrow H_2O + e^-$

图 2-1　酸和碱中三种可能的 HOR 机制

H_{ad}代表吸附在电催化表面上的反应中间体。每个机制都由所示三个步骤中的两个步骤组成。根据哪个是速率决定步骤（RDS），提出了四种可能的反应途径：Tafel–Volmer、Heyrovsky–Volmer、Tafel–Volmer 和 Heyrovsky–Volmer。

DFT 和微动力学建模等理论方法为 HOR 和 HER 的反应机制提供了重要的见解。在酸性介质中，氢的结合能（HBE）长期以来一直被认为是 HOR/HER 的描述符。DFT 计算得出 HBE 与酸性介质中的活性之间的火山型关系，以及理想的催化剂与氢的结合能弱于 Pt（111）。在碱性介质中 HBE 和活性之间存在类似的相关性，最大的区别是在碱性条件下整体活性要低得多。由于 pH 在 HOR/HER 动力学中起着关键作用，因此基于实验测量提出了几种解释和潜在的反应性描述符：① HBE 在碱性条件下发生变化，HBE 作为 HOR 的关键描述符。②表面上 OH* 的可获得性对于整个反应至关重要，促进 OH 吸附可提高 HOR 反应速率；因此，OH* 的结合能可作为 HOR/HER 的反应性描述符。③由于在碱性条件下界面电场比酸性条件下更大，因此，与水重组能量相关的质子转移过程与 pH 值有关。因此，零电荷的电势应该接近 HOR/HER 的起始电势。最近，已经利用理论方法进一步检验这些建议，特别是建议①和③，以确定为什么 HOR/HER 在碱性介质中比在酸性介质中慢得多。

MKM 是一种方便的理论工具，旨在弥合 DFT 导出的能量学与实验数据之间的差距。这些模型表示反应中的一系列基本步骤，并使用微分方程组描述基本步骤的速率。例如，平均场 MKM 已用于导出酸性和碱性介质中的 CV 曲线，以进一步评估 HOR/HER 动力学。Intikhab 等人开发了一种基于 DFT 计算的结合能的 HOR MKM，以模拟 Pt（110）上的 CV 曲线。特别是，他们考虑了 OH_{ad} 是否积极参与了氢欠电势沉积（Hupd）中 HOR 的 Volmer 步骤。他们发现，当 HOR 通过直接 Volmer 步骤（即使用 OH^-作为反应物）时，模型与实验之间达到了最佳一致性。他们进一步确定 OH_{ad} 减少了可用的表面位点，但作者很大程度上将碱性条件下缓慢的 HOR 活性归因于 Volmer 步骤中的内在动力学障碍（可能来自 pH 依赖性界面水结构）。Rebollar 等人通过改变 MKM 中 OH 的吸附强度扩展了这项工作，以证明增加 OH 的吸附强度不会促进更快的 HOR/HER 动力学。

最近，Lamoureux 等人开发了一种 MKM，它不仅包括来自 DFT 的结合能，还包括 Pt（111）上 HOR/HER 中每个步骤的 DFT 衍生反应势垒。与早期关于 HOR/HER 的 MKM 工作非常相似，这项工作还发现实验活性趋势可以通过 Volmer 步骤的势垒差异与 pH 的函数关系来进行合理解释。具体来说，随着 pH 值的增加，HER 中 Volmer 步骤的质子供体从水合氢离子转变为水，并且从水中提供质子的势垒高于从水合氢离子中提供质子。迄今为止，最详细的 HOR/HER 微观动力学建模是由 Liu 等人建立的。作者结合了平均场 MKM 和简化的扩散模型来计算 HOR/HER 的偏振剖面在一定 pH 值范围内的 Pt（111）上。此外，该模型利用了电势和覆盖率相关的结合能和反应势垒，考虑了隐性溶剂的作用。与 Intikhab 等人的工作一样，作者发现接近 HOR 起始电位的电流主要归因于涉及 OH^-而不是 OH_{ad} 的路径。通过分析 HOR 中基本步骤的速率控制程度，他们发现 Tafel 步骤很大程度上控制了酸性介质中的电流，但 Tafel 和 Volmer 步骤的势垒随着 pH 值的增加而增加，因此两者都决定碱性介质中的电流。

总体而言，基于 DFT 能量学的 MKM 的工作主要得出的结论是，随着 pH 值的增加，Volmer 步骤具有更高的势垒，导致在碱性条件下 HOR/HER 动力学缓慢。此外，这些模型发现 OH^-，而不是 OH_{ad}，在碱性介质中充当 HOR/HER 的主要中间体。虽然这可能表明 OH_{ad} 的结合能不是碱性介质中 HOR/HER 的恰当描述符。但 McCrum 等人利用 DFT 计算表明，HER 中水解离的势垒与 OH_{ad} 的结合能密切相关。因此，即使 OH_{ad} 不参与 HOR/HER，HER 动力学的趋势可以使用火山图合理化，该火山图利用 HBE 和 OH_{ad} 的结合能作为描述符。

2.2　氧还原反应（ORR）理论

Nørskov 等人对 ORR 的理论电催化做出了最重要的贡献。随着所谓的“计算氢电极”（CHE）的引入，允许将 DFT 导出的能量学与实验应用电位联系起来，这些工作为量子化学计算在电催化中的应用奠定了基础。此外，首次使用计算方法阐明了 ORR 的两种不同机制：“解离”和“缔合”机制。后者是在早期电化学测量的基础上提出的，表明存在过氧（OOH）。在讨论反应的热力学和动力学之前，回顾一下解离和缔合 ORR 途径的基本步骤是必要的。

在酸性环境中，解离途径通过 O_2 解离进行，然后是连续的质子－电子转移步骤，这一过程的 PCET 高于解离过程。对于还原反应，当反应中间体的质子和电子亲和力足够高时，即可实现此条件。其中该机制通过 $4e^-$的交换进行。关联机制可以通过 $4e^-$ 途径，通过形成 OOH*，然后进行质子化步骤，或通过 $2e^-$途径形成 H_2O_2。

将 CHE 形式与热力学标度关系结合使用，可以合理预测不同弱结合和强结合电催化表面之间的活性趋势。在氧覆盖率较低，并假设每个质子电子转移步骤的活化势垒仅取决于与该步骤相关的吉布斯自由能变化的条件下，Pt 是酸性环境中对 ORR 最活跃的单金属表面。该反应通过 $4e^-$ 途径进行。当氧覆盖度约为 0.5 单层时，缔合机制占主导地位。Pt（111）强烈地结合氧的趋势是实验观察到的超电势的根源。因此，改进的 ORR 电催化剂应该能够比 Pt 对 *OH 的结合弱约 0.1 eV。

Nørskov 等人的开创性工作。关于 ORR 机制和电催化剂设计原理的研究基于以下假设：①质子电子转移步骤以一致的方式发生[即一致的质子电子转移（PCET）]。②与 PCET 步骤相关的最大吉布斯自由能差值为反应的极限电势。③外部电场的影响可以忽略不计。④所施加的偏压对表面反应中间体稳定性的影响包括通过将状态能量移动 –eU（对于还原步骤），其中 U 是所施加的偏压。⑤通过考虑熵的浓度依赖性来考虑 pH 的影响。这是通过将 H^+ 的自由能修正为 $kT \ln 10 \times pH$ 来完成的，其中 k 是玻尔兹曼常数，T 是温度。以前的绝大多数文献都依赖于这些假设中的一个或多个。在这个部分，我们讨论了先前研究中所做的假设，考虑了它们的相关性、适用性和后果，特别是对于碱性环境中的 ORR 和 HOR。

2.2.1 协同与解离质子电子转移步骤

质子 – 电子转移步骤的协同机制是迄今为止在各种计算和实验研究中使用的最常见的假设。从 2013 年的角度来看，Koper 详细分析了在 ORR 背景下考虑连续 PCET 步骤和解离质子电子转移的热力学和动力学结果。在机制中充分考虑 PCET 步骤的结果是，在可逆氢电极（RHE）范围内，热力学超电势与 pH 无关。此条件后来在 Pt 上的 ORR 中得到了实验验证。相反，对于弱结合电催化剂，例如 Au、Ag 和 Hg，ORR 通过连续的解离质子 – 电子转移发生。Koper 分析了解离质子电子转移机制的热力学后果，重点关注 最低能量与 pH 的数学和物理关系。鉴于这种关系，原则上可以通过调节 pH 值来达到最佳条件（最小过电势）。最佳 pH 值对应于关键表面中间体的 pK_a。一般反应物质 A 的解离电子（$A + e^- \rightleftharpoons A^-$）和质子转移（$H_2O + A^- \rightarrow HA + OH^-$）期间产生的电流变化是 pH 的函数。这些通用过程可用作碱性环境中 ORR 第一步和第二步的模型，其中 H_2O 充当质子供体。动力学模型显示，产生的电流随着 pH 值的增加而增加，与 Au 基电催化剂上 ORR 的实验测量结果一致。这一结果证实了识别 O^- 的机制中产生的超氧化物是碱性环境中弱结合电催化剂上 ORR 的关键中间体。有趣的是，内在的 pH 依赖性自然产生于解离质子 – 电子转移的热力学和动力学，已被用来优化金属氧化物和羟基氧化物的 OER 性能。尽管做出了这些努力，但众所周知，几类材料的电催化活性受到与不同反应中间体的结合能相关的线性关系的限制，例如，ORR 的 OH* 和 OOH*。

2.2.2 PCET 步骤的激活及催化效果

随着更准确、更经济的量子力学方法的出现，最初在 20 世纪 80 年代和 90 年代开发的 MKM 并与反应动力学实验相结合，已成为阐明气相催化中催化反应机制的有力工具。Mavrikakis 以及 Dumesic 团队回顾了 MKM 的最新进展。然而，直到最近，基于 DFT 的 MKM 在电催化过程中的应用在很大程度上仍未得到有效探索。这受制于通过理论方法计算电化学步骤的活化能垒的内在困难。周期性 DFT 计算确实通常在恒定电荷下进行，而不是在恒定电势下，后者更能代表真实的电化学系统。为了克服这一限制，之前提出了多种方法，主要基于所谓的“电荷外推”方法，以及基于分子动力学（MD）模拟的计算成本更高的方法。

Hansen 等人已经确定了考虑纯热力学模型的局限性。热力学模型确定了酸性或碱性环境中 ORR 的自由能图（FED）能量下降的极限电位。Hansen 等人获得的 Pt（111）上 ORR 的 FED。在酸性环境中，遵循联合 $4e^-$和 $2e^-$ 途径，每个电化学步骤的活化能垒为 0.26 eV。将通过比例关系和完整 MKM 模型的组合获得的“动力学”火山与简单的“热力学”火山相比较发现 Pt、Pt_3Ni、Pd 和 Pt 上的 Cu 覆盖层的（111）面的实验测量与动力火山一致。此外，MKM 预测的电流密度比更简单的热力学分析预测的电流密度大约低一个数量级。对于强结合金属（Pt、Pd），电势限制步骤（即电势相关步骤中最吸热的步骤）是从表面去除 OH*。相反，根据速率控制分析的程度，速率决定步骤是 O_2 从双电层区域表面的吸附。对于弱结合金属，电势限制步骤是 OOH* 的形成，类似地，O_2 形成 OOH* 的活化势垒限制了速率。Exner 和 Over 在速率决定步骤的同一性中确定了热力学和动力学火山之间差异的根源。特别是，只有当决速步和电势决定步骤相对应的时候，热力学和动力学模型才一致。尽管实验和模型之间的定量一致性只能通过全面的 MKM 分析才能实现，但更简单的热力学分析仍然能够理顺催化活动的趋势。此外，在非常强或非常弱结合的电催化剂的限制下，两种方法都相当一致。

使用完整的 MKM 计算 PCET 步骤的活化能垒的优点之一依赖于计算给定电势下表面反应中间体的覆盖率的可能性，例如，Pt（111）上 O*、OH* 和空表面位点（*）的覆盖率。有趣的是，Tripkovic 和 Vegge 假设 Pt（111）表面上 O* 的存在对 ORR 机制具有重要影响。

迄今为止提到的研究主要针对酸性环境中的 ORR，通过使用动力学模型并明确考虑 PCET 能垒报告碱性环境中 ORR 机制的研究非常有限。如前所述，考虑 pH 影响的主要方法是将 H^+ 的能量通过公式 $kT\ln 10 \times pH$ 加以转移，并且在碱性环境的情况下，考虑适当的反应步骤，其中 H_2O 充当质子供体。这意味着，在不考虑碱性环境中活性位点的具体性质的情况下，通过考虑施加电势和 pH 对表面覆盖的综合影响，碱性和酸性环境中的热力学或动力学模型之间的唯一区别是从还原反应可获得的最大电势不同。

2.2.3 碱性环境中单电子和多电子过程的动力学作用

了解质子－电子转移步骤的机制及其在碱性环境中（即极低浓度的 H^+ 下）ORR 动力学中的作用是一个至关重要的问题。本部分介绍碱性环境中 ORR 这些步骤的动力学。

水在碱性环境中质子－电子转移中的关键作用已在多项研究中得到强调，使用 DFT 和动力学 Monte Carlo（KMC）相结合的方法来研究碱性环境中 Pt（111）的 ORR 机制。该方法允许将给定反应步骤的发生次数作为施加电位的函数进行“计数”，类似于计算每个电化学或热步骤对总反应通量的贡献。作者提出，在碱性条件下，反应主要遵循 $4e^-$ 缔合途径，而 $*H_2O$ 辅助途径占主导地位。$2e^-$ 通路仅在相对于 RHE 的电位低于 0.4 时才具有活性。碱性介质中的 ORR 机制主要涉及与电势无关的表面反应，并且表面上共吸附的水充当真正的 O_2* 和 O* 还原剂。有趣的是，使用相同的 DFT–KMC 方法将这些结果与 Ag（111）[相对于 Pt（111）而言结合力更弱的金属] 上的 ORR 获得的结果进行比较。对“反应计数”的分析结果表明，尽管与 Pt（111）相比，水介导途径的贡献不太占主导地位。此外，在 Pt（111）上，ORR 主要通过与电势无关的步骤进行，而在 Ag（111）上，OH* 溶解 [（$OH* + e^- \rightarrow OH^-(aq)$）]

和 OOH* 解离 [($OOH^* + e^- \rightarrow O^* + OH^-(aq)$)] 对电流密度有贡献。

碱性环境中 Au（100）上的 ORR 是一个有趣的案例研究，它证明了表面覆盖度、溶剂、施加电势和外部电场之间的相互作用对于确定单个和多个电子转移步骤对动力学的作用至关重要。Au（100）是碱性环境中 ORR 最活跃的电催化剂之一，尽管 $4e^-$还原途径仅发生在有限的电势区域（0.6~0.9 V vs RHE）。这种特殊行为并没有发生。到目前为止，人们已经完全了解了这一点，但表面覆盖和外部电场的作用已得到进一步探索。

从 DFT 计算开始，Duan 和 Henkelman 在与 ORR 相关的电化学条件下构建了 Au（100）的 Pourbaix 相图。他们的研究强调了表面覆盖对于准确描述活性位点的重要性。特别是，他们证明在 pH=13 时，在相对于 RHE 0.61~0.81 V 的电位窗口内，表面存在两个邻位吸附的 OH*（总覆盖度为 1/8），从而增强了 Au（100）的活性。Lu 等人也提出了类似的解释，通过实验和理论相结合的方法，他们提出共吸附的水分子能够稳定 OH*，从而催化 $4e^-$ 途径而不是形成和 OOH^-（aq）的解吸。

最近，Kelly 等人结合使用 DFT 计算和 MKM 来阐明 Pt（111）、Au（111）和 Au（100）上 ORR 动力学对 pH 的依赖性。与之前简单模拟 pH 影响的研究不同，通过调整 H^+（进而调整 OH^-）的自由能，通过检查电场对电催化剂模型的活性和选择性的影响来考虑 pH 值的影响。本研究中考虑的热反应和电化学反应步骤如图 2-2 所示。与大多数关于 Pt（111）的研究一致，碱性环境中的 ORR 受到 OH* 去除步骤（图 2-2，步骤 vii）的限制，并且反应通过 $4e^-$ 途径进行。相反，在 Au（100）上，限速步骤的特性很大程度上取决于 pH：在酸性条件下，$4e^-$ 和 $2e^-$ 途径均受到 OOH* 形成的限制（图 2-2，步骤 iv）。然而，电场的影响（因此带来的 pH 的影响）在 Au（100）

上比在 Pt（111）上更明显，因为它直接影响弱结合物质。随着 pH 值的增加（并且外部电场变得更负），Au（100）与 OOH* 的结合更加强烈，并形成 H_2O_2[或 OOH^-（aq），图 2-2，步骤 ix] 成为 $2e^-$ 途径的决速步骤，而 $4e^-$ 途径则很容易。

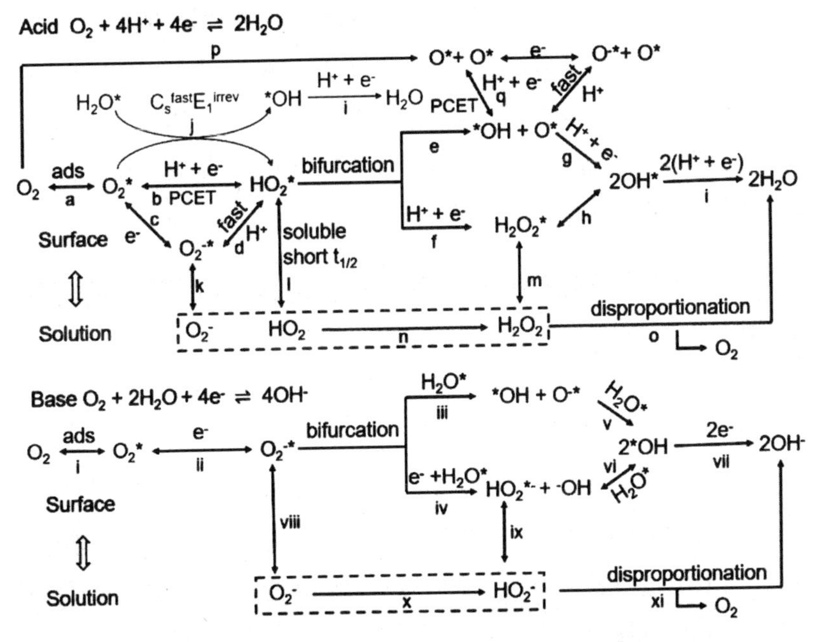

图 2-2　酸和碱中氧还原反应（ORR）的一般机制

注：反应途径是基于对 Pt 表面的广泛研究而建立的，并且可能适用于其他类型的催化剂。上标 * 中间体表示吸附在电催化表面上的反应中间体。酸中的 $C^{fast}E^{irrev}$ 代表快速表面化学物质不可逆单电子转移过程之前的反应。PCET 代表质子耦合电子转移过程。H_2O 在碱性介质中充当质子供体。源自步骤“a”和“p”的反应途径分别是 ORR 的缔合和解离途径。

在酸性介质中，尽管将 PCET 步骤视为唯一可能的潜在依赖步骤，但不同的实验研究中，活性几乎差两个数量级。这种现象仍在积极研究中，并成为现代电化学中未解决的难题之一。与酸性溶液相比，碱性溶液中的 Volmer 反应预计会产生中性水分子 H_2O，当质子转移到水分子中时，它会经历非常强的共价 H–OH 键的断裂，产生氢氧根离子 OH^-金属电极。这表明碱性环境中 ORR 的第一步实际上可能是单个电子转移步骤，从而导致从溶液中的 O_2 形成 O_2^-。Schmickler 和同事最近讨论了 Au 和 Ag 基催化剂上碱性环境中 ORR 的几个机理。特别是，通过结合 DFT 计算和基于平均力势的 MD 模拟，作者假设 Au（100）和 Ag（100）上的 ORR 应从外层电子转移开始。事实上，O_2 在 Au（100）和 Ag（100）上的负结合能不能补偿溶剂化的损失，因此，ORR 的第一步发生在水相中，而不是在水相的表面。

2.3 碱性溶液中质子耦合电子转移（PCET）的理论模型

2.3.1 碱性溶液中的 Volmer 反应

最基本的电化学质子耦合电子转移（PCET）反应是析氢反应（HER）的 Volmer 步骤，其中质子从溶液中的供体转移到金属电极以接受电子并与表面的一个金属原子形成共价键。在过去的几十年里，人们利用各种理论方法对电极表面质子放电的这种基元反应进行了广泛的研究，但其基本机制仍然存在争议。由于转移质子的量子力学特征以及金属电极中连续的离域电子态的存在，该反应可以表现出从绝热到非绝热的各种行为，具体取决于金属电极表面附近相互作用的性质。在电极和电解质溶液之间的界面处形成的双电层（EDL）增加了电化学过程的复杂性，并对界面上涉及带电物质的反应机制产生深远的影响。

大多数理论模型都集中在酸性水溶液中的 Volmer 反应，其中质子供体通常被认为是阳离子水簇形式的部分溶剂化的水合氢离子

（H_3O^+），例如 Zundel（$H_5O_2^+$）或 Eigen（$H_9O_4^+$）阳离子。然而，一些理论研究已经检验了碱性溶液中的 Volmer 反应。这些特殊的研究包括使用局部反应中心模型进行电势依赖性活化能的电子结构计算以及基于模型哈密顿量和界面的各种理论计算电子转移理论。碱性条件下 HER 最显著的特征是它表现出缓慢的动力学。因此，基本步骤涉及中性反应物和带负电的产物，并且 Volmer 反应遵循与酸性溶液中观察到的不同路径。

尽管详细机制仍不清楚，文献中已经讨论了该反应中产生的氢氧根离子以及支持电解质离子的机制作用。最近对碱性溶液中 HER 速率与氢氧化物结合强度之间火山图关系的实验观察表明，氢氧化物可能在该机制中发挥重要作用。此外，DFT 计算表明表面位点上的 HER 可以与氢氧化物牢固结合，可能遵循另一种机制，涉及 H_2O 的均裂解离以及随后活性位点处吸附的氢氧化物的电化学还原。氢氧化物吸附重要性的另一个指标是用 $Ni(OH)_2$ 修饰 Pt 电极后，在碱性溶液中观察到 Volmer 反应的速率增强。这一现象被认为是通过增强水解离步骤发挥催化作用。这种涉及水解离，然后吸附氢氧化物的机制说明了碱性溶液中 HER 的修饰电极表面的双功能性。更一般地说，用过渡金属氧化物和氧化物/金属纳米复合材料对电极表面进行修饰已被证明可以显著增强碱性溶液中析氢反应的活性。

研究还发现，即使表面带负电，且电势比零电荷电势（pzc）更负，氢氧根离子也可以与金电极表面上的金原子配位。计算出的偶极矩的大小与吸附的氢氧根离子表明，当表面带负电时，氢氧根离子与金原子形成高极性键。最近，有人认为在碱性金电极上 Volmer 反应的基本步骤是水二聚体作为质子供体，使氢氧根离子在质子转移的同时与电极表面配位，正如实验观察到的氢氧根在 pzc 负电势下的吸附所表明的那样。所提出的类似 Grotthuss 的过程，质子转移到电极表面上的金原子上，伴随着两个水分子之间的质子转移以及所得氢氧根阴离子与相邻金原子的配位。

2.3.2 Volmer 反应的 PCET 理论

无论具体机制如何，碱性溶液中 Volmer 反应的速率常数都可以使用非绝热电子振动表示中的一般 PCET 理论来计算。在该理论中，电子和转移质子被按照量子力学的方法来处理，PCET 反应是用反应物和产物非绝热电子－质子振动态之间的非辐射跃迁来描述的。对于 Volmer 反应，在反应物中，质子与共轭碱键合，在产物中，质子与金属电极键合，形成包含氢轨道和离域准连续谱的占据态之一的双电子共价键金属电极状态。每个非绝热反应物和产物电子态都与一组质子振动态相关联，并且反应物和产物振动态对应于这些电子和质子振动态的直接产物。由于离域性质，上面定义的反应物和产物电子振动态之间的耦合非常小。

2.3.3 电流密度和动力学同位素效应

上述 PCET 理论已应用于碱性溶液中金电极上的 Volmer 反应。金电极态被建模为在费米能级上延伸的宽矩形带，代表块状金的 sp 能带，质子供体被假设为水二聚体。EDL 的影响包括使用先前用于描述乙腈中特定 Volmer 反应的多层介电连续体模型。在速率常数表达式中，亥姆霍兹层中静电势的线性下降作为电极电位的函数包含在反应自由能项的计算中。对于该应用，假设反应物状态的静电功与电极电位无关，因为作为质子供体的水是中性的，而产物状态的功取决于电极电位，因为氢氧化物是阴离子。计算一系列 H_2O 和 D_2O 中的质子供体和电极表面之间距离 R 的速率常数。通过对所有

距离 R 上的速率常数进行积分，并通过 R 处的局部质子供体浓度对每个速率常数进行加权，计算相应的电流密度。

将这些计算的结果与最近由 Sakaushi 在碱性纯化溶剂 H_2O 和 D_2O 中进行的实验测量进行比较发现计算得出的电位相关 KIE 与实验测量到的 KIE 在该电极电位范围内从 66 增加到 98 的增量一致。与此行为相关的是，将 H_2O 和 D_2O 的电流密度绘制为电极电位函数的线性拟合，得出与同位素相关的表观传递系数。具体而言，计算得出的 H_2O 和 D_2O 的表观传输系数分别为 0.59 和 0.57，而实验值分别为 0.56 和 0.50。振动电子态对 PCET 速率常数贡献的分析表明，H 和 D 的不同传递系数是由于与 H_2O 相比，D_2O 的激发反应物质子振动态的贡献更大。也适用于较少的负电位（即较少的阴极）。

该模型研究强调了量子力学处理氢核转移对于对碱性溶液中的 Volmer 反应进行有意义的描述的重要性。观测到的相对较大的 KIE 和较低的电流证明了 PCET 理论所描述的氢隧穿和振动非绝热性。对于碱性溶液中的 Volmer 反应，发现溶剂在较短的距离下传输很重要，但这样的距离对总传输距离没有显著贡献电流密度。因此，溶剂动力学对 KIE 的影响可以忽略不计。

该领域剩下的挑战是使用第一性原理计算方法来描述具有显式溶剂和离子的电化学界面，以计算分析 PCET 速率常数表达式的输入量。这种方法将为影响碱性溶液中 Volmer 反应电流密度大小的因素提供原子水平的依据。

对于 HOR，虽然简单的 DFT 描述符（例如氢结合能）可用于合理化酸性环境中的催化趋势，但明确包含活化能势垒及其在 MKM 中的纳入对于发展碱性环境中的机理理解至关重要。Volmer 步骤的活化能垒增加可能是碱性条件下 HOR 动力学减慢的原因。类似地，对于碱性环境中的 ORR，纯热力学方法存在一些局限性，但对于初始快速催化剂筛选很有用。实验活性和预测活性之间常常缺乏定量一致性,包括弱结合金属 Au(100)的情况。在这种情况下,最新的先进理论方法明确考虑电荷和外部电场的影响,以解释电极的 ORR 活性。鉴于这些最新进展,电化学系统的未来机理研究将利用更准确的方法和改进的模型,其中电荷、外部电场、表面覆盖和溶剂动力学之间复杂的相互作用将被集成到平均场 MKM 的公式或 KMC 方法中。

在 PCET 理论框架内推导的 PCET 速率常数在绝热和非绝热极限以及中间状态下都是有效的。该理论在碱性溶液中金电极上的 Volmer 反应中的应用解释了在隧道效应、振动方面相对较大、电势依赖性 KIE 的实验观察结果。PCET 理论与 DFT 方法相结合,用于计算速率常数表达式的输入量,可以研究各种电化学反应。

第三章　碱性介质中的 HOR 电催化

3.1　HOR 机制

Pt 在碱性介质中催化 HOR 及其逆反应 HER 的活性比在酸性介质中低两个数量级以上。在这一章中，我们将说明 HOR/HER 机制以及碱性介质中动力学速率缓慢的可能根源。如图 2-1 所示，关于决速步骤（RDS），提出了四种可能的 HOR 反应机制：Tafel（RDS）-Volmer、Tafel-Volmer（RDS）、Heyrovsky（RDS）-Volmer 和 Heyrovsky-Volmer（RDS）。

3.1.1　HOR/HER 反应途径

尽管 HOR 反应途径看起来确实相对简单，因为它们只涉及一种中间体 H_{ad}，人们还是付出了巨大的努力来研究 HOR 动力学。Markovic 等人首先提出了酸性介质中 Pt 单晶上 HOR 的结构敏感性，发现 HOR 活性按以下顺序变化：Pt（111）< Pt（100）< Pt（110）。使用 Tafel 斜率推导反应中的 RDS，28 mV/dec 的 Tafel 斜率表明 Pt（110）上的 HOR 可能通过 Tafel-Volmer 机制进行。以 Tafel 步骤作为 RDS，当过电势增加时，Tafel 斜率从 37 变为 112 mV/dec，表明 Pt（100）上存在 Heyrovsky（RDS）-Volmer 机制。然而，Pt（111）

上的 HOR 机制因存在中等数值的 Tafel 斜率（74 mV/dec）而变得复杂，这表明 HOR 机制的确定不能仅仅基于对 Tafel 斜率的分析。事实上，酸性介质中 Pt 催化的非常快的 HOR 步骤 的 Tafel 斜率约为 30 mV/dec，表明该反应可能主要由传质而不是动力学控制。为了从传质过程中求算动力学数据，Chen 和 Kucernak 采用了 Pt 超微电极（UME）研究酸性介质中的 HOR 动力学，并观察到 HOR 极化曲线中的两个电流平台。他们观察到了第一个平台的异常存在，并将其归因于 Tafel 的决速步。基于拟合结果，提出了 Tafel（RDS）-Volmer 步骤来控制 HOR 过程。然而，他们的拟合结果与高过电势下的实验值存在明显偏差。为了解释这个差异，Adzic 等人提出了一种双通路机制模型,其中 Tafel(RDS)–Volmer 步骤在低过电势（ $\eta < 50$ mV ）下占主导地位，而 Heyrovsky（RDS）–Volmer 步骤在过电势高于 50 mV 时占主导地位。虽然这一解释与实验结果相匹配，但在整个过电势区域，来自 UME 的 HOR 动力学信息可能会受到硫酸盐吸附或其他污染物的影响。酸性介质中的 HOR 活性可能足够高，使得 RDE 可能无法提供快速传质来揭示内在的电化学动力学。相比之下，碱性介质中的 HOR 速率要慢得多，因此可以使用传统的 RDE 可靠地研究反应动力学。

Marković 小组首次报道了碱性溶液中 Pt 单晶催化 HOR，其活性顺序如下：Pt（111）≈ Pt（100）≪ Pt（110）。基于 Pt（111）和 Pt（100）上沉积的 H（H_{upd}）和 OH_{ad} 等温线的欠电势，提出了 Tafel（RDS）–Volmer 序列作为碱性介质中的反应机制。其中 H_{upd} 和 OH_{ad} 可以竞争吸附位点。在动力学控制电流（$\log i_k$）与吸附位点 [$\log(1-\theta_{Hupd})$ 或 $\log(1-\theta_{OHad})$] 图中观察到斜率为 2 的线性关系，表明反应遵循 Tafel（RDS）–Volmer 反应机制的理想双位点相互作用模型。尽管如此，H_{upd} 和 H_{ad} 之间的区别和/或相互作用（来

自 H_2 的解离）仍然未得到解决。因此，仅基于等温线对 HOR 机制的分析可能并不可靠。在室温下，Pt（110）和 Pt（111）之间的活性差异在高温（333 K）下降至不到 1/3，这归因于相对于 Pt（110），Pt（111）上的活化能垒高出 2 倍。

Herranz 等人研究了 0.1 mol/L NaOH 中多晶 Pt 电极上 HOR/HER 动力学作为 H_2 压力的函数，发现反应速率对 H_2 压力具有半阶依赖性。他们提出，只有 Tafel–Volmer 反应机制才能解释观察到的传递系数，并且作为 RDS 的 Volmer 或 Heyrovsky 步骤可以产生类似于 Butler–Volmer 方程的动力学表达式。然而，半阶依赖于 H_2 压力无法从基于所提出的 Tafel–Volmer（RDS）机制的微动力学分析中获得。而 Volmer 步骤，即碱性介质中的 RDS，通过电化学阻抗谱（EIS）研究进一步得到加强。与 H_{upd} 和 H_{ad} 本质上不同的早期观点相反，杜斯特等人声称 H_{upd} 和 H_{ad} 是不可区分的，H_{upd} 过程实际上相当于 Volmer 步骤。因此，可以使用从 EIS 测量的电荷转移电阻 R_{ct} 与线性化 Butler–Volmer 方程（适用于小 η）相结合来获取 Volmer 的交换电流密度 i_0。在 0.1 mol/L KOH 中，在 313 K 时计算出的 i_0= 2.4 mA/cm^2，R_{ct}=11 Ω）接近 i_0（1.8 mA/cm^2）由 HOR 偏振剖面确定。这表明 Volmer 步骤可能是碱性介质中 HOR 的 RDS，从而得出 Tafel–Volmer–（RDS）或 Heyrovsky–Volmer（RDS）的 HOR 机制。根据 EIS 估计，酸性介质中 Volmer 步骤的 i_0 为（293 K 时为 500~850 mA/cm^2），这与 HOR 的 i_0 具有相同的数量级。尽管需要更精确地确定 Volmer 步骤来解决这个问题，但这一发现表明 Volmer 步骤可能在酸性介质中的 HOR 动力学中发挥作用。

总之，到目前为止，这些早期研究已指出 Pt 上的 H_2 吸附步骤（Tafel 或 Heyrovsky 步骤）作为酸性介质中可能的 RDS，尽管目前尚不清楚 Volmer 步骤对总体贡献有多大。Volmer 贡献的细节可能取决于 Pt 晶体的方向。这些早期研究还表明，Volmer 步骤是碱性介质中 HOR/HER 的 RDS。

3.1.2 碱性介质中 HOR 动力学

自早期 HOR 研究以来，碱性介质中 HOR 的速率缓慢就已众所周知。然而，传统的 RDE 方法严重低估了 Pt 在酸性介质中的交换电流密度 i_0。随着对传质过程研究方法的大幅改进，结果发现 Pt/C 在酸（pH = 0）和碱（pH = 13）中的动力学速率相差大约两个数量级。对于 Ir/C 和 Pd/C，也观察到 HOR 活性随 pH 值的升高而发生类似的降低。在 293 K 时，Pt/C 在 pH = 0 时的 i_0 为约 60 mA/cm^2，而在 pH = 13 时仅为约 0.6 mA/cm^2。缓慢的动力学速率为从 Arrhenius 曲线上碱（30 kJ/mol）和酸（20 kJ/mol）性介质中较高活化能也可以看出这一点。最初，Osetrova 和 Bagotzky 将碱性溶液中的缓慢动力学速率归因于不同的反应机制。

HOR 动力学与 H_{upd} 区域中 OH_{ad} 对 pH 依赖有关，其中 OH_{ad} 可能充当抑制剂。然而，pH 依赖的 HOR 动力学，即使在电位低的情况下与可逆氢区域一样，表明 OH_{ad} 对 HOR 动力学的影响可能不是主要贡献者。由于 Volmer 步骤被认为是碱性介质中 HOR/HER 的 RDS，因此从酸到碱的动力学速率急剧减小可归因于 Volmer 反应中的能量势垒随 pH 值升高而升高。最近有人提出，由于相对于酸性介质，零自由电荷电势（pzfc）显著负移，碱性介质与更强的氢结合能或更刚性的界面水结构有关。此外，还提出了 OH_{ad} 共吸附的影响。下面展开对这些现象的讨论。

3.1.3 氢结合能效应

H 结合能（HBE）效应源自酸性介质中众所周知的火山图，其中 H 结合既不能太强也不能太弱，以实现最高的 HOR/HER 活性，这就是众所周知的 Sabatier 原理。根据这一原理，Pt 是最靠近火山顶的金属，因而在所有单金属中具有最高的 HOR/HER 催化活性。因此，如果相同的假设在碱性介质中仍然有效，则推测较强的 HBE 可能会导致碱性介质中的 HOR 动力学速率缓慢。Yan 等人检查了多晶 Pt 电极在各种缓冲溶液（pH = 0.2~12.8）中的 HOR 动力学，并将观察到的 pH 依赖性动力学归因于 HBE 效应。结果显示，随着 pH 值的增加，Pt（110）和 Pt（100）的 H_{upd} 峰逐渐转向更高的电势，这与 HBE 的增加有关。因此，计算所得 Pt（110）的 HBE 为 10 meV/pH，Pt（100）的 HBE 为 8 meV/pH。随着 HBE 的增加，HOR 活性呈现线性衰减，这表明 HBE 可能是 Pt 上 pH 依赖性 HOR 动力学的有效描述符。此外，该小组还将这一概念扩展到其他贵金属基电催化剂，包括 Ir/C、Pd/C 和 Rh/C。基于 i_0 与更正的 H_{upd} 峰值电位（即更高的 HBE 值）的相关性，他们提出 HBE 是 HOR 动力学的主要描述符。然而，这两项研究需要进一步研究吸附阴离子（乙酸根、磷酸盐和碳酸盐）以及铂聚集体对 HOR 动力学的影响步骤和缺陷。

HBE 限制被认为是 Pt 在碱性介质中 HOR 动力学缓慢的原因。和 Pt 相反，预测 Au 在碱性介质中应该具有增强的 HOR/HER 反应活性。然而，结果发现 Au 的 HOR/HER 动力学在碱性介质中较慢。这一观察结果，以及 HBE 在较高 pH 下增强的原因（考虑到它代表了一种内在的热力学描述符），推动了对 Au 催化作用的进一步研究。最近，通过考虑电极表面的固有 HBE 和水吸附，提出了一种改进的 HBE 效应，表明源自 H_{upd} 峰的 pH 依赖性 HBE 应称为表观 HBE（HBE_{app}）。具体来说，考虑到 H_2O_{ad} 和 H_{upd} 竞争吸附位点，在较高 pH 值下水吸附减弱会导致观察到的 H 与电极表面的结合更强，建议

HBE_{app} 应该用作 HOR/HER 动力学的更合适的描述符。Goddard 的量子力学分子动力学（QMMD）模拟进一步证实了这一假设。该模拟考虑了 H 和 H_2O 在 Pt（100）表面上的吸附。在较高 pH 值下，水往往会被排斥从电极表面以相对于 SHE 的低电势，导致 H 结合增强。本研究预测 HBE 值增加 10 meV/pH，与实验测量的 8~12 meV/pH 一致。

最近，有人提出将阳离子和羟基物质的吸附作为 $HBE_{.app}$ 模型的替代模型。科佩尔等人提出 Pt（110）和 Pt（100）中所谓的 H_{upd} 区域中的峰是由 OH_{ad} 取代 H_{upd} 产生的，而不是 H_{upd} 的直接氧化。这些说法得到了 Pt（110）和 Pt（100）表面上两个异常现向的明确支持：H_{upd} 峰移动 50 mV/pH，而不是 60 mV/pH。与 Pt（111）相比，氢区域中缺少明确定义的 OH_{ad} 对应物。这些伏安峰的尖锐特征表明 H_{ad} 和 OH_{ad} 之间存在更强的横向相互吸引作用。为了解释不寻常的 pH 依赖性，他们提出置换反应通过以下反应进行：在相同 pH 值下，伏安峰在较高的阳离子浓度和较大的阳离子半径下表现出正移。所有证据都表明，Pt 台阶附近碱金属阳离子的有利吸附削弱了台阶位点上的 OH 吸附，导致台阶伏安峰发生正移。

如前所述，目前尚不清楚 H_{upd} 是否相当于 HER/HOR 中的 H_{ad} 中间体。Conway 等人声称，只有在可逆氢势区域附近或之下形成的过电势沉积氢（H_{opd}）才能被视为 Volmer 步骤中的 H_{ad} 中间体，而 H_{upd} 充当旁观者，竞争活性位点或改变 H_{ad} 的能量。然而，它们的物理性质仍然未知，因为只有 H_{OPD} 可以从光谱测量中区分出来。Wang 报告了基于光谱和电化学证据对两种类型吸附 H 的吸附等温线的分析：顶位（$H_{在顶上}$）和空心 / 桥位（$H_{H/B}$）中的 H。DFT 计算结果表明，$H_{在顶上}$的氧化解吸能垒比 $H_{H/B}$ 低得多，尽管存在位点不敏感的解离吸附（塔菲尔步骤），表明 $H_{在顶上}$可能是 HOR/HER

的反应中间体。尽管大多数第一性原理计算忽略了吸附氢的排列，最近对 H_{ad} 构型的研究支持 H 结合能的计算应基于 H_{Atop}。

总之，Pt 氢区的详细性质仍然是一个悬而未决的问题：$H_{更新}$ 的吸附 / 解吸是单独发生还是由 OH_{ad} 取代 $H_{更新}$ 和构型的贡献 $H_{更新}$ 峰位置和 HBE 之间的相关性已被提议作为活性描述符，尽管有其局限性。例如，在 Pt（111）在不同 pH 值下没有可观察到的 $H_{更新}$ 峰位移的情况下，类似的 pH 依赖性 HOR/HER 活性趋势仍然存在。这些研究都表明 HBE 不太可能是碱性介质中 HOR 动力学的唯一描述符。

3.1.4 界面水结构

越来越多的证据表明界面水在碱性介质中的 HOR/HER 动力学中发挥重要作用。相对于 pzfc 的施加电势值决定了水的取向和电极表面上的氢键网络。在酸性条件下，界面水网络相对松散，HOR/HER 电位的方向向下，比 pzfc 的负值稍大。然而，阶梯状碱性介质中的水结构随着氢向下的方向而变得更加刚性，因为界面电场在 HOR/HER 电势下增强，H 区域在 SHE 尺度上负移并且显著低于 pzfc（0.28 V vs SHE）。OH^- 的电荷转移受到阻碍，因为它需要额外的能量来打破刚性水结构，这有助于解释 HER/HOR 动力学对 pH 的依赖性。与基于电子或亲氧效应的传统热力学观点相反，界面水结构植根于其动力学方面，提供了对反应动力学的直接见解。

Koper 等人首次以界面水结构的变化来解释用 $Ni(OH)_2$ 修饰 Pt（111）晶面后对碱性介质中 HER 动力学的促进作用。该研究基于最大熵电势（pme）的变化,此时界面水最无序,与 pzfc 密切相关。Pt（111）和 Pt（111）/$Ni(OH)_2$ 在 pH 为 13 时分别在 0.700 V 和 0.675 V 处从负值变为正值，表明 $Ni(OH)_2$ 修饰后 pme 为 –25 mV。虽然 pH

为 13 时的羟基吸附可能会影响 pme 值的变化，但在 pH 为 10 时测量的温度系数（∂E/∂T）提供了令人信服的证据来支持引入 $Ni(OH)_2$ 后 pme 的变化。Pt（111）和 Pt（111）/$Ni(OH)_2$ 在更正的电势下，其温度系数（绝对值）均出现减小，在 0.55~0.75 V（vs RHE）范围内，表示较高电势下界面电场较弱。因此，Pt（111）/$Ni(OH)_2$ 相对于 Pt（111）较小的温度系数表明电场减弱，正如更负的 pme 所证明的那样。基于所提出的模型，Feliu 和同事研究了 $Ni(OH)_2$ 覆盖率的影响。较高覆盖率下的正 pme 进一步支持了 $Ni(OH)_2$ 诱导更多的观点。除了 Pt-Ni 系统外，这一概念的有效性还有待在其他双金属系统中得到验证，例如 Pt-Ru 合金，通常用作 AEMFC 中的氢阳极。虽然界面水结构可以使 pH 依赖性 HER 动力学合理化，但仍需要进行额外的研究来阐明在碱性介质中 HER 和 HOR 过程中界面水如何与碱金属阳离子和其他反应中间体相互作用。

除了碱性介质中 HER/HOR 动力学缓慢之外，H_{upd} 过程的反应动力学也经历了从酸到碱的相似变化趋势。Koper 等人发现 $Ni(OH)_2$ 的引入也有助于降低 Pt（111）上氢吸附 / 解吸过程的能垒，如 EIS 测量的 R_{ct} 所示。这表明界面水结构也影响 H_{upd} 的反应速率。从 H_{upd} 获得的热力学或动力学信息可能无法直接转换为 H_{opd} 或 H_{ad}。另一方面，可能没有必要区分 H_{upd} 和 H_{opd}，因为 HER/HOR 和 H_{upd} 过程都受到界面水刚性的相同限制。因此，仅从研究中提取界面水信息是合理有效的。最近，Yan 等人采用表面增强红外吸收光谱（SEIRAS）研究 H_{upd} 峰位移的 pH 依赖性，并将其归因于界面水的干扰，而不是碱金属阳离子的共吸附，如由 Koper 提出，Shao 等人的 SEIRAS 研究表明，随着 pH 值的增加，界面水和氢吸附均减弱。H 谱带归属于 Pt 和吸附在 Pt 原子顶部的 H（H_{atop}）之间的相互作用，即建议作为 HER 和 HOR 的反应中间体，而不是具有多个 Pt 配位的 H（$H_{multiple}$），例如 Pt（100）上的 4 倍位点和 Pt（111）上的 3 倍位点。在较高的 pH 值下，Pt－H_{atop} 的谱带转向较低的波数，表明 H 结合减弱。这种弱化与 HBE 理论相反，表明 Pt 上的氢吸附取决于多种界面因素。在碱性介质中比在酸性介质中高得多的斯塔克调谐速率表明在两种环境中存在不同程度的极化，这意味着 H_{atop} 与界面水结构的相互作用依赖于 pH。据报道，碱中 Pt（111）上 HOR 的动力学 H/D 同位素效应（KIE）高达 3.4，表明碱性介质中界面水结构的强烈影响。该观察结果需要进一步研究以阐明碱性介质中 HOR 的基本步骤，用于分解对观察到的 KIE 的贡献。

由于界面水结构随界面电场的变化而变化，因此界面电场的测量是理解 HOR 的重要一步。最近，Surendranath 等人基于 pH 敏感的 H_2 加成反应探测了变化的界面电场。他们以顺式 -2- 丁烯 -1，4- 二醇制备正丁醇和 1，4- 丁二醇的反应为探针，顺式 -2- 丁烯 -1，4- 二醇生成正丁醇的反应倾向于在低电场下发生，这时电极表面附近的 H^+ 浓度低于本体浓度。相反地，在高电场下正丁醇的生成占主导地位。根据产物选择性，计算出的界面电势每升高 60 mV 就会下降。然而，由于研究的 pH 范围从酸性介质到中性介质（pH = 2~7），因此将趋势外推到碱性介质需要进一步研究。此外，有机分子或产物的潜在吸附及其对界面电场的影响仍然未知，这可能破坏了对计算出的潜在下降的解释。二次谐波发生（SHG）等非线性光谱方法可以提供一种替代工具来探测界面电场，而无须使用额外的化学试剂。

3.1.5 HOR 的其他性能描述符

Chen 等人使用微观哈密顿模型来涵盖电子相互作用、键断裂、溶剂重组和双电层静电效应，并将 Volmer 步骤的高活化能归因于

将 OH^-移动到带负电的电极表面需要做很大的功。Chen 等人通过第一性原理 DFT 计算，研究了 H 结合、质子供体和水重组对 pH 和 HOR/HER 的影响，发现水重组能量太小，无法解释碱性介质中 HER/HOR 动力学慢得多的原因。他们提出，或许质子供体从酸中的水合氢到碱中的水的变化是碱性介质中 HER 缓慢的主要原因，因为碱性介质中的水解离相对于酸性介质具有更高的动力学势垒。然而，质子供体效应无法解释为什么 HOR 动力学在碱中也较慢。此外，Rossmeisl 等人提出随着 pH 值升高，HER/HOR 的更大的动力学势垒是质子接近表面时构型熵发生变化的结果。质子在穿过外亥姆霍兹区域时失去了部分熵，从而产生熵势垒，随着 pH 值的增加而增加。该假设还强调，对于具有快速反应动力学的良好催化剂，pH 效应更为明显，这与 Pt 相对于 Pd 或 Ir 受 pH 变化的影响更加强烈的观察结果一致，而且，HOR 比 ORR 对 pH 更敏感。虽然这些研究为碱中缓慢的氢反应动力学提供了新的见解，但实验人员要找到支持这些模型的证据并不容易。最近，Feliu 等人在近中性 pH 条件下（pH = 3.0、4.0、5.4）研究了 Pt 的三个基面上的 HER/HOR，没有专门吸附阴离子，发现 HER 活性在三个方面未表现出 pH 依赖性，而 HOR 动力学表现出明显的 pH 敏感特征。带负电较多的电极在较高 pH 下有利于 HER，但抑制 HOR，这是基于 DFT 结果合理化的，即质子溶剂化在带负电较多的电极上变得更加不利，导致相对于酸性介质，碱性介质中 HOR 动力学急剧下降。

总之，已经提出了几个理由来解释碱性介质中的 HOR/HER 活性机制。虽然该机制的真实性仍然是一个值得争论的话题，但迄今为止大多数解释都指向界面水结构以及酸和溶液中中间体（H*、OH*、H_2O* 等）之间的相互作用。通过实验动力学研究和电极 / 电解质界面更现实的理论模拟进行进一步的探索，将进一步加深对碱性介质中 HOR 缓慢动力学的理解。

3.1.6　Pt 基二元催化剂的 HOR 增强机制

为了解释 Ni 改性 Pt 表面上碱性 HER 动力学的改善，Marković 等人提出了一种双功能效应，其中 $Ni(OH)_2$ 簇可以添加到 Pt 中以促进水解离成 H_{ad} 和 OH_{ad}，然后 H_{ad} 在 Pt 上重组形成氢气，OH_{ad} 解吸为 OH^-。此外，将 $Ni(OH)_2$ 修饰到 Pt（111）上能够增强碱性介质中的 HOR 动力学。这些见解支持这样的观点，即碱性 HER/HOR 电催化可以通过双功能效应得到改善。Pt-Ru 用于甲醇氧化反应的情况与此类似。中心思想是 OH_{ad} 成为碱性介质中重要的反应中间体，而不是之前声称的 HOR 反应的抑制剂或旁观者。值得注意的是，HOR 动力学缓慢可归因于形成 OH_{ad} 比较困难和 / 或 H_{ad} 和 OH_{ad} 之间对活性位点的竞争。电化学去除 H_{ad}（Volmer 步骤：$H_{ad} + OH^- \leftrightarrow H_2O + e^-$）通过两个过程发生，每个过程都涉及 OH_{ad}：羟基物质的吸附（$OH^- \leftrightarrow OH_{ad} + e^-$）以及与 H_{ad}（$OH_{ad} + H_{ad} \leftrightarrow H_2O$）的重组，$Ni(OH)_2$ 的 OH_{ad} 位点促进 H_{ad} 解吸形成水。因此，增强 HOR 动力学的关键在于提高电极表面的亲氧性，这可以通过将 Pt 与亲氧性更强的金属（例如 Ni、Ru）结合或使用亲氧性更强的贵金属（例如 Ir）来实现。因此，HOR/HER 活性不仅取决于 H 结合能，还取决于碱性介质中 OH_{ad} 的结合强度。

双功能机制面临着一些挑战。Gasteiger 等人指出 Ir 事实上比 Pt 具有更低的 HOR 活性，并且 Pt - Ru 合金的表面成分与本体不同。他们进一步认为，碱性介质中的 Volmer 步骤可能不涉及形成 OH_{ad} 的解吸，而是 H_{ad} 解吸为质子，然后与 OH^-发生本体反应。换句话说，表面 Volmer 步骤的微观细节不会因为从酸变为碱而改变。同样，基于 Pt（110）的伏安法和微动力学分析，Tang 等人认为 Volmer 步骤是通过直接过程进行的（H_{ad}+ OH^-↔ H_2O + e^-），其中 OH_{ad} 表现为竞争活性位点的旁观者，

第二金属在 Pt 基双金属体系（例如 Pt-Ni）中的促进作用也一直是关于电子效应（减弱的 HBE）还是亲氧效应（双功能机制）占主导地位的激烈争论的主题。与电子效应不同，亲氧效应需要电极表面存在第二种金属。因此，Zhuang 和同事试图通过研究两种表面经过酸浸和未经酸浸的 Pt-Ni 合金控制模型纳米粒子（NP）来分离亲氧性的影响。Pt-Ni NP 的酸处理导致形成 PtNi@Pt 核壳结构。有趣的是，酸处理后 Pt–Ni 催化剂的 HOR 活性几乎没有变化，这表明 OH_{ad}（在 Ni 上，酸浸样品中不存在）可能对 Pt-Ni 模型系统发挥次要作用，与 Marković 等人提出的亲氧效应相反。然而，这一论点被以下事实所削弱：酸处理可能无法完全去除 Pt-Ni NP 中的表面 Ni。基于碱金属阳离子对 Pt 聚集体催化 HER/HOR 动力学的影响，Jia 等人结合软硬 / 酸碱（HSAB）概念提出了一种改进的双功能机制。他们将 OH_{ad}-（H_2O）$_x$- AM^+ 概念（AM：碱金属）引入到 Volmer 步骤中，其中（H_2O）$_x$-AM^+ 与 OH_{ad} 或 OH^-之间的相互作用能被认为会影响 HOR/HER 动力学。根据这种方法，（H_2O）$_x$–AM^+ 与 OH 的相互作用 OH_{ad} 比 OH^- 弱，因为 OH_{ad} 是软碱，而 OH^- 是硬碱。他们观察到，增加 AM^+ 浓度只会促进 HER，而改变 AM^+ 的特性会影响碱性介质中的 HER 和 HOR。OH_{ad}–（H_2O）$_x$–AM^+ 的假设意味着可以通过增加 AM^+ 浓度来改善 HER 动力学，这与实验观察结果一致。LiOH 中较高的 HER/HOR 活性归因于相对于 NaOH 或 KOH 而言较弱的 Pt–OH_{ad} 相互作用。最近，Li 等人使用原位电化学表面增强拉曼光谱（SERS）来支持在碱性介质中的 HOR 过程中 PtNi 合金表面存在 OH_{ad} 物质，而在纯 Pt 表面上未观察到 OH_{ad}。

与 Pt-Ni 类似，Pt 和 Ru 之间的协同作用如何在 HOR 动力学

中发挥作用也仍然存在争议。Durst 等人认为 Volmer 步骤不必从酸性介质变为碱性介质，这表明 HBE 的变化而不是亲氧效应可能是 Pt-Ru 相对于 Pt 的 HOR 动力学增强的原因。Zhuang 等人提出电子效应发挥了主要作用，因为与 Pt 相比，H_{upd} 区域中 Pt-Ru 的伏安峰转移到更低的电势，表明 Pt-H_{ad} 结合减弱。同时，他们提出亲氧效应可能无法解释增强的 HOR 活性，因为即使在比 Pt-Ru 更低的电势下，Pt 位点上的活性羟基也可以产生。最近，Jia 等人认为，Pt-Ru 上较低电位的峰应归因于 Ru 的存在，而不是 Pt 上氢结合的减弱，并且考虑到 CO_{ad} 与 OH_{ad} 对 Ru 位点的竞争，Pt-Ru 的 CO 剥离峰可能不能反映在电位低于 0.4 V（vs RHE）时不存在 OH_{ad}。因此，他们认为 Ru 在 Pt-Ru 合金中的促进作用来自双功能机制，原位 X 射线吸收光谱（XAS）揭示了 OH_{ad} 的存在。考虑到双电层结构，Jia 等人提出 Pt-Ru 涉及准特异性吸附 OH（-H_{upd}-OH_{qad}），它通过加速成键产生 H_2O 来增强 HOR 动力学，而其他双金属系统仅参与特异性吸附 OH。Schwämmlein 等人试图通过检测 HOR/HER 来区分这两种效应。一系列具有不同 Pt 厚度的 Ru@Pt 核壳纳米颗粒的 HER 活性，并预测根据双功能机制计算出的 Pt 的最佳厚度应小于一个单层，确定的最佳厚度为 1.6 层，支持电子效应是 Pt-Ru 催化剂优异活性的主要贡献者。然而，要知道这一观察结果是否是由于 Pt 壳的结构随其厚度的变化而变化是有挑战性的。最近，Zhang 课题组报道了基于对 10 种经过不同类型的过渡金属氧化物或氢氧化物修饰的 Pt 聚集体电极（Pt-M，M = Mg、Cr、Mn、Fe、Co、Ni、Cu、Ru、La 和 Ce）的碱性 HOR 动力学研究的结果，HOR 活性随着亲氧性增强而呈上升趋势，表明亲氧效应控制着除 Pt-Ru 之外的双金属系统中的 HOR 动力学。他们将 Pt-Ru 视为特例，表明 Pt-Ru 系统改进的 HOR 动力学可能与其他 Pt-M 系统不同。具体来说，电子效应被认为是 Pt-Ru 动力学增强的原因，而亲氧效应被认为是其他 Pt-M 系统动力学增强的原因。此外，同一小组最近报道，尽管 Pt-Ru/C 在室温下表现出比 Pt/C 高得多的 HOR 活性，但由于 Pt/C 的活化能（35 kJ/mol）比 Pt-Ru/C（15 kJ/mol）大得多，以及它们在 80 ℃ 下 MEA 测试中功率密度的峰值相差不大，它们的 HOR 动力学差距在较高温度下变得不那么明显。因此，使用 Pt-Ru 的性能较优的碱性燃料电池中 HOR 的 Pt 催化剂在高温下效果适中。最近发现含有 Ru、Rh 或 Pd 的 Pt 基和 Ir 基合金相对于纯金属表现出增强的 HOR 活性，这归因于基于动力学 Monte Carlo 模拟和 CO 剥离的微分电化学质谱（DEMS）的亲氧效应和电子效应的组合。

总之，涉及 OH_{ad} 吸附的电子效应和 / 或亲氧效应直接或间接地在印证碱性介质中 Pt 基二元电催化剂的 HOR/HER 动力学方面发挥着重要作用。然而，OH_{ad} 如何参与电催化的分子机制仍然是一个悬而未决的问题。

3.2 碱性介质中的纳米级 HOR 电催化剂

相对于 PEMFC，AEMFC 需要大量的 Pt 来催化阳极上缓慢的 HOR。因此，设计和开发碱性介质中高性能低 Pt 和不含贵金属的 HOR 电催化剂具有极大的兴趣和重要性。本部分主要介绍 Pt 基、非 Pt 贵金属和非贵金属 HOR 电催化剂的最新进展。

3.2.1 铂基 HOR 催化剂

尽管其明确的原因仍然存在争议，Pt-Ru 基催化剂被广泛认为是最有效的 HOR 催化剂，Zhuang 等人通过高通量组合方法制备了具有 14 种不同成分的 Pt-Ru 合金的 Pt-Ru 二元合金薄膜电极，以研究成分 - 活性关系。HOR 交换电流密度相对于 Ru 分数显示出火山形状，当 Ru 的原子含量为 55% 时催化剂具有最高活性，这归因于 Ru 掺杂引起的 Pt 电子密度的降低。Pt–Ru 合金纳米颗粒的稳定性可以通过 NP 和载体之间更强的相互作用来增强。Song 等人证明了使用 N 掺杂碳负载的 Pt–Ru 颗粒可以作为稳定的 HOR 催化剂，相对于商业 Pt/C 和 PtRu/C，该催化剂在循环过程中的稳定性显著提高，这归因于碳载体中氮掺杂剂的稳定作用。除了 Pt–Ru 合金颗粒之外，Pt–Ru 异质结构也为提高活性和降低 Pt 含量提供了一些有益的借鉴。Wang 等人报道，与随机 PtRu 合金相比，具有最佳两原子层 Pt 壳的 Ru@Pt 核壳结构纳米粒子的 HOR 比质量活性提高了 2 倍。此外，Papandrew 等人研究了无负载 Ru 纳米管上覆盖 Pt 或 Pd 的催化剂催化 HOR 的性能。结果发现，和纯 Ru 和 Pt 纳米管相比，最佳 $Ru_{0.9}Pt_{0.1}$ 纳米管催化剂的活性分别提升了 35 倍和 2.5 倍。这一提升归因于铂利用效率的提高以及可能的双功能、应变和 / 或配体效应。

除了 Pt–Ru 催化剂外，还开发了 Pt 与其他再生金属的合金催化剂，以最大限度地减少 Pt 的使用，同时，通过调节电子和 / 或应变效应来提高活性。Wong 等人研究了一系列超薄 Pt–M（M = Fe、Co、Ru、Cu、Au）合金纳米线（NWs）的 HOR 活性，其中 Pt–Ru、Pt–Fe 和 Pt–Co NW 实现了更高的 HOR 交换电流密度，而 Pt–Au 和 Pt–Cu NW 相对于纯 Pt 表现出较低的活性。他们声称氢结合能在催化过程中起着关键作用，因为该趋势与基于火山图的氢结合强度一致。Ohyama 及其同事用 15 种金属（第 4 和第 5 周期元素）修饰了 Pt 颗粒的表面，并在 HOR 与次要金属的标准氧化电位之间的关系中发现了类似的“火山图”。最后，他们提出，活性的增强可能归因于 HBE 变化之外的表面氧化物质反应性的变化。一个有趣的观察结果是，虽然 Pt–Cu 合金 NW 和 Cu 修饰的 Pt/C 显示出 HOR 活性降低，但与相应的 Pt 相比，Cu 修饰的 Pt 电极显示出稍微增强的 HOR。此外，Yan 等人对通过电偶位移产生的 Pt 涂覆的 Cu 纳米线的研究表明，Cu 的掺入实际上通过对 Pt 的压缩应变和促进羟基吸附而提升 HOR 活性。因此，这些看似矛盾的结果可能是由于铜的含量和表面覆盖率的差异而产生的，应使用表面表征技术进行深入研究。

除了铂基二元催化剂外，三元催化剂在低铂催化剂设计中的潜力也得到了探索。例如，Wang 报道了通过在有序 PdFe 核周围形成 Pt 壳层来削弱 Pt 上的 HBE。与相应的无序 PdFe 上的 Pt 壳层相比，这种电催化剂表现出增强的 HOR 性能。同一小组研究了基于应变工程 Pd_3M（M = Fe、Co、Cu）核覆盖单层 Pt 壳层的催化剂的 HOR 动力学）。他们的结果表明 HOR 活性增强作用主要由低价 $M(OH)_x$ 物质的亲氧性决定，而不是由表面晶格应变引起的 HBE 变化决定。此外，他们开发了一类新型 Pt-Pd-Fe 有序金属间化合物，具有提升的 HOR 活性和耐久性，这是由于 Pd 氢化物（PdH_x）和/或有序原子的形成引起的 d 带结构的变宽和下移而产生的。

3.2.2 非 Pt 贵金属基 HOR 催化剂

3.2.2.1 Pd 基催化剂

鉴于 Pd 具有与 Pt 可比的 HOR 活性，它是 Pt 的一种有前途的替代品。然而，由于氢吸收到 Pd 晶格中，使 Pd 电极上 HOR 动力学的量化变得复杂。Gasteiger 等人通过在多晶金基板上沉积 Pd 吸附层来规避这一挑战。观察到碱性介质中测量的交换电流密度与金上的钯覆盖度成反比，这表明金基板引起的拉伸应变导致氢吸附强度过大。Yan 等人研究了 Pd/C 的尺寸依赖性 HOR 动力学，发现随着粒径从 19 nm 减小到 3 nm，Pd/C 在碱性介质中的交换电流密度降低，这归因于 Pd/C 的分数增加，具有较强氢结合能的位点。

合金化已被证明是提高 Pd 的 HOR 性能的有效策略。据报道，PdIr/C 合金 NP 催化剂表现出与 Pt/C 相当的 HOR 活性。Song 等人揭示，负载在 N 掺杂碳上的 $Pd_{0.33}Ir_{0.67}$ 表现出最佳的 HOR 活性，略高于 Pt/C，这归因于其最佳的 H 结合强度和增强的亲氧特性。Shao 等人研究了 Ru 在 Pd_3Ru 合金纳米催化剂在碱性条件下催化 HER/HOR 中的作用。结构表征表明，Ru 在合金表面偏析，形成吸附原子和原子簇，导致 HBE 减弱，OH 吸附增强。Li 等人报道，具有体心立方相（bcc）的 Pd–Cu 合金，相对于面心立方相（fcc），其 HOR 活性提高了20倍。DFT 计算表明，尽管具有相似的氢结合强度，与 fcc Pd-Cu 相比，bcc Pd-Cu 表面与 OH 的结合更强。这项工作强调了 HOR 电催化剂合成过程中相控制的重要性。除了合金化之外，Pd 层表面涂层或装饰提供了另一种优化 Pd 原子利用率的策略。

Dekel 等人确定使用二氧化铈（CeO_2）载体可以增强碱性电解质中 Pd/C 的 HOR 动力学，这可能是由于相对于碳载体，Pd–H 键减弱以及亲氧性 CeO 中 OH_{ad} 位点供应的改善所致。此外，还开发了通过原子层沉积（ALD）制备的 CeO_x 薄层覆盖平坦 Pd 和 Pt 表面的准二维模型催化剂系统，以研究 CeO_x 的翻盖厚度对碱性介质中 HOR 活性和溶解稳定性的影响。虽然在 CeO_x 覆盖的 Pt 和 Pd 上观察到溶解稳定性有所改善，但仅发现 CeO_x 覆盖的 Pd 表现出增强的 HOR 动力学。与纯钯相比，CeO_x–Pd 界面不仅使交换电流密度增加了 15 倍，而且使 Pd 溶解减少了 10 倍。这种改善主要归因于半透 CeO_x 薄膜的存在，这促进了 OH^-的供应直接吸附到界面处的 H，并且还抑制了氧化层内 Pd 离子的传质。

3.2.2.2 钌基催化剂

Ru 作为 HOR 催化剂受到了广泛关注，因为其成本明显低于

Pt。Satsuma 等人在粒径为 2~7 nm 的范围内研究了 Ru/C NP 的 HOR 动力学的尺寸依赖性。Ru/C 的 HOR/HER 交换电流密度呈现火山形状，在 3 nm 处具有最大活性（约 65 μA/cm^2）。他们提出不饱和 Ru 表面原子作为 HOR 的高活性位点，但过多的不饱和原子会降低活性，因为它们对氧化的敏感性很高。据报道，相对于六方最密堆积（hcp）Ru/C，亚稳态面心立方（fcc）Ru/C 显示出增强的 HOR 动力学。比如磷掺杂的 Ru/C 的 HOR 活性是 Ru/C 的 5 倍。DFT 计算表明，P 可以改变 Ru 的电子结构，并可能将 RDS 从水生成步骤转换到水解吸步骤。最近的研究表明，碳载体对 Ru/C 作为 AEMFC 中氢阳极的性能有显著影响。负载在介孔碳上的 Ru NP 实现了 1.02 W/cm^2 的峰值功率密度，这显著高于负载在块状碳上的 Ru NP（0.76 W/cm^2），甚至可与 Pt/C 阳极（1.01 W/cm^2）相媲美。他们提出，多孔微结构相对疏水，这减轻了可能的水淹并促进 H_2 传输，而介孔通道可以限制 Ru NPs 的氧化。

Ru 可以与其他金属形成合金，进一步增强 HOR 活性。最近，Abruña 等人报道了通过简单的浸渍方法制备的一类基于 Ru－M/C（M＝Co、Ni、Fe）的 HOR 催化剂。结果发现，掺入非常低含量的 Co、Ni 或 Fe（约 5%）就可以显著改善 Ru/C 的 HOR 动力学，其半波电位偏移约 40 mV。特别是，$Ru_{0.95}Co_{0.05}$/C 在所研究的 Ru 合金中表现出最高的 HOR 性能，其质量活性甚至优于 Pt/C。DFT 计算表明，由于合金化效应，d 带中心下移，导致 H 吸附减弱。Zhuang 等人最近开发了一种基于 $Ru_{0.7}Ni_{0.3}$/C 合金 NPs 的 HOR 催化剂，通过水热法合成。与 PtRu/C 相比，Ru-Ni/C 合金催化剂在过电势为 50 mV 时表现出 HOR 活性，质量活性提高了 3 倍，比活性提高了 5 倍。Yan 等人最近报道，在 MEA 测量中，$Ru_{0.7}Ni_{0.3}$/C 阳极在 95 % 的 H_2/O_2 和 H_2/ 空气中的 PPD 分别为 2.03 和 1.23 W/cm^2。$Ru_{0.7}Ni_{0.3}$/

C 的 HOR 活性提高归因于 Ni 合金化减弱了 H 结合以及表面 Ni 氧化物的存在增强了水吸附。虽然这种催化剂在 AEMFC 中似乎非常有前途,但其 HOR 极化曲线在高于 0.1 V 的电位下表现出显著衰减，表明在高电流密度下工作时，其在氢阳极较高极化下会快速钝化且稳定性较差。 Wei 等人最近使用海胆状 TiO_2 将 Ru 簇部分限制在晶格中（Ru@TiO_2），以减轻 Ru 在正 HOR 极化电位下的氧化。Ru@TiO_2 催化剂具有催化 HOR 的活性，电位高达在酸和碱中相对 RHE 均为 0.9 V，表现出很强的抗 CO 中毒能力。XAS 研究表明：抗氧化和抗中毒能力的提高是由于 Ru–Ti 键的形成，促进了电子从富电子 TiO_2 到 Ru 金属的转移。

3.2.2.3　Ir 和 Rh 基催化剂

Ir/C 显示出仅次于 Pt/C 的第二高 HOR 活性。Yan 等人研究了 Ir/C NP 的尺寸效应，范围为 3~12 nm。在这项研究中，他们将 CV 中的 H_{upd} 区域解离为不同的氢结合位点，并声称 HOR 活性（标准化为最低氢结合位点）几乎不依赖于颗粒大小。由此他们推测这些具有低 HBE 的位点主要影响 HOR 动力学。Abruna 等人最近推出了一系列新的基于碳的 Ir 基纳米颗粒作为碱性介质中的 HOR 电催化剂。与 Ir 相比，Ir–Ru 基合金的半波电位负移超过 30 mV，表明 Ir 和 Ru 之间存在协同作用。 Ir_3Ru_7/C 和 $Ir_3Pd_1Ru_6$/C 表现出最高的 HOR 活性，但相对于 Pt/C 和 Ir/C 成本低得多。Shao 和 Yi 等人通过原电池置换反应设计了 IrNi@PdIr/C 核壳电催化剂，由于 PdIr 覆盖层降低了氢结合能并减少了 Ni 氧化物的形成，因此在碱性介质中相对于 IrNi/C 表现出增强的 HOR 活性和稳定性。通过与 Ni、Fe 和 Co 等非贵金属合金化，由于催化剂表面和氢中间体之间的最佳相互作用以及最佳的亲氧效应，Ir-Ni NPs 显示出最佳的 HOR 活性。即使是 RuIr 表面上微量的 Fe 或 OH 都可以诱导 OH 的适度吸附，从而提高 HOR 活性。最近，IrMo 合金纳米催化剂的 HOR 活性比 Ir NP 和 Pt/C 高 5 倍，这归因于双功能机制，其中 IrMo 表面上的 H_2O 吸附 Mo 位点可以优化 H_2O_{ad} 和 OH_{ad} 的强度。

Wang 和 Abruna 还开发了一系列碳载 Rh 和 Rh–M 合金（M = Pt、Pd、Ir、Ru）NP 作为高效碱性 HOR 催化剂，且首次观察到 Rh/C 的粒径效应。与相应的块状 Rh 催化剂相比，Rh/C 表现出增强的 HOR 动力学。特别是，就质量活性而言，粒径为 2 nm 的 Rh/C 被认为是所研究的催化剂中最活跃的。研究发现，与 Rh/C、Ir/C 和 Pt/C 相比，Rh 与 Ir 和 Pt 合金化可以促进 HOR 动力学，表明 PtRh 和 IrRh 合金催化剂存在协同效应。Pt_7Rh_3/C 催化剂在比活性和交换电流密度（约 1.2 mA/cm^2）方面表现出最佳的 HOR 活性，甚至略高于 Pt_7Ru_3/C。此外，Ir_9Rh_1/C 在所研究的 Ir 合金颗粒中表现出最高的 HOR 活性。这项研究表明，Rh 和 Rh 基合金可以用作 AEMFC 中的活性 HOR 催化剂。最近，Luo 等人报道，具有 P 封端表面的磷化铑（Rh_2P）表现出高 HOR 活性，交换电流密度（0.65 mA/cm^2）优于 Rh/C（0.27 mA/cm^2）和 Pt/C。

3.2.3 非贵金属 HOR 催化剂

在碱性介质中寻找完全非贵金属的 HOR 催化剂主要集中在镍基材料上，主要是因为镍代表了除 PGM 金属之外最活跃的单金属催化剂。然而，Ni 上的 HOR 动力学仍然很低，主要是由于其较强的氢吸附作用。因此，Volmer 步骤控制着反应，削弱 Ni 的 HBE 是增强其在碱性介质中 HOR 活性的最重要方法。

部分氧化被证明是改善多晶 Ni 的 HOR 动力学的有效策略。据报道，暴露于空气中形成表面 NiO 后，HOR/HER 动力学增强了 10 倍。动力学模型表明反应机制从金属镍上的 Heyrovsky–Volmer 反应机制转变为氧化物覆盖的镍表面上的 Tafel–Volmer 反应机制。电极表面氧化镍的部分覆盖可能导致氢结合强度降低，从而促进 HOR 活性，表观活化能从 30 kJ/mol 降低至 26 kJ/mol。最近，Oshchepkov 等人通过电化学氧化报道了 NiO_x 覆盖度对多晶 Ni 电极上 HOR 动力学的影响。 HOR 活性呈现火山形状，在 30% 覆盖率下具有最大交换电流密度（32.8 μ A/cm^2），相对于金属 Ni 而言，相当于增强了 14 倍。这一观察结果与 Zhuang 及其同事之前对 $Ni(OH)_2/Ni/C$ 的研究一致。他们还观察到 $Ni(OH)_2$ 修饰的 Ni/C 催化剂表现出“火山图”，最佳表面 $Ni(OH)_2/Ni$ 摩尔比为 1.1：1，交换电流密度相对于 Ni/C 增加约 7 倍。此外，$Ni(OH)_2$ 修饰也提高了催化剂的稳定性。因此，如果 Ni NPs 能够以最佳的 Ni/NiO_x 比例在载体上实现高度分散，Ni/C 可能成为碱性电解质中很有前途的 HOR 催化剂。Hu 等人报道称，Ni/C 是通过含镍金属有机骨架热解制备的，其质量归一化交换电流密度为 24.4 mA/mg。他们提出 HOR 活性的增强源于颗粒中宏观和微观应变的最佳水平。尽管如此，计算得出的比比表面积活性约为 28.0 μ A/cm^2，基于电化学比表面积（ECSA）的估计，与其他研究结果相当，表明本研究中观察到的高质量活性可能是得益于小粒径（约 5 nm）。改进后的 HOR 活性也可以通过更强的镍 - 载体相互作用来实现。

Ni_3N 最近被报道为一种新型镍基 HOR 催化剂。Sun 等人报道，Ni NPs 上的 Ni_3N 涂层可以提高 HER 和 HOR 性能。优异的性能归因于 Ni_3N/Ni 与泡沫镍基材之间的紧密接触，并促进分级结构产生的质量传输。然而，由于电化学测量是通过线性扫描伏安法进行的，没有旋转，而不是标准的 RDE 测量，因此很难与其他文献结果进行比较。据报道，类似的 Ni_3B/Ni 催化剂可增强 HOR 动力学，归因于电子从 Ni_3B 到 Ni 的转移。Hu 等人报道了 Ni_3 的使用平均尺寸为

4 nm 的 N/C NP 在碱性介质中作为活性 HOR 催化剂。尽管比交换电流密度仅为 14 μ A/cm^2，质量归一化交换电流密度仍达到 12 mA/mg。与此同时，Li 等人还指出，Ni_3N/C 中的间隙氮掺杂可以减弱氢吸附并降低水形成步骤的活化势垒。

提高镍固有活性的另一个有效策略是与其他金属形成合金。铜是最常用于提高镍的 HOR 性能的金属。Oshchepkov 和 Cherstiouk 等人制备了一系列碳负载的 Ni-Cu 双金属纳米粒子，并发现 Cu 的最佳原子含量为 5%。Atanassov 等人也报告了类似的观察结果。然而，考虑到较高 Cu 含量下的相分离，实现更高水平的 Cu 合金化具有挑战性。为了规避这一挑战，Zhang 和同事采用高通量组合磁控溅射方法制备一系列成分分布均匀的 Ni-Cu 合金薄膜。这种合成方法还排除了通常存在于纳米粒子中的可能的粒径效应，并能够对具有相似表面粗糙度的样品进行比较。XRD 谱图以及 XPS 和 XRF 分析证实 Ni-Cu 合金中 Cu 的原子 含量从 0% 到 100% 连续变化。Ni-Cu 二元薄膜电极中，HOR 活性与 Cu 含量显示出火山形的关系。在 Cu 的原子含量为 40% 时活性最高，与纯 Ni 相比，交换电流密度提高了 4 倍。此外，铜合金化阳极峰的正移表明 Ni-Cu 薄膜的抗氧化性能得到了改善。这项研究表明，具有适度铜含量的 Ni-Cu 基合金纳米粒子的 HOR 活性可以进一步增强，并为 Cu 对 Ni HOR 动力学的作用提供了更深入的了解。Bonnefont 等人的 DFT 计算支持了 Ni-Cu 合金膜电极的发现，该计算预测氢结合强度显著降低，复合过程的活化势垒降低，表面铜覆盖率达到 50% 。这也可能有助于解释为什么 5% Cu 被报道为 Ni-Cu NPs 的最佳含量，因为 Cu 倾向于表面偏析。尽管本工作中的 Ni-Cu 旨在调节 HER 活性，但通过配体效应改变电子结构并降低 d 带中心，可以产生各种可能接近最佳 HBE 的吸附位点。Ni-Mo 基催化剂也被探索用于减弱 H 吸附。

Yu 等人报道了 Ni_4Mo 和 Ni_4W 纳米合金的合成，作为碱性电解质中的高效 HOR 催化剂。随着负载量的增加，Ni_4Mo 的 HOR 性能在 RDE 偏振剖面中优于 Pt/C。然而，真实的交换电流密度无法获得。HOR 反应活性的提高归因于 Ni 上的最佳 H 吸附以及 Mo 或 W 上的 OH^- 吸附。最近报道称，CeO_2 异质结构负载的 Ni 在碱性介质中表现出改善的 HOR 性能。DFT 计算表明电子 CeO_2 和 Ni 之间的转移可以导致氢吸附的热中性自由能，并通过富含氧空位的 CeO_2 促进羟基吸附。通过这种异质结构设计，实现了 38 μA/cm^2 的交换电流密度，相当于 Ni/C 的 2.5 倍。

除了其固有的 HOR 活性较低之外，镍基催化剂的另一个挑战来自于其在 AEMFC 中氢阳极的高过电势下对氧化的敏感性。虽然在 RDE 装置中可以观察到有希望的 HOR 活性，但镍催化剂很容易在 MEA 研究中经历氧化，导致性能快速降低。虽然通过用 $Ni(OH)_2$ 物质部分覆盖 Ni 表面可以提高稳定性，这种电化学氧化方法并不实用于大规模生产氢阳极催化剂。一种有效的策略是通过 Cr 合金化或 W 掺杂来减弱 Ni 和表面氧物种之间的相互作用。采用基于 h-BN 壳的核壳结构来保护 Ni 核免受氧化。Bao 和 Zhuang 等人报道根据 DFT 计算，由于 h-BN 壳层的存在，Ni 和 OH 物种被削弱。这种结构不仅抑制了 Ni 的氧化，而且提高了 HOR 活性，减弱了氢的吸附，从而促进了 Volmer 步骤。为了解决 HOR 极化条件下 Ni 氧化物形成导致的快速表面钝化问题，笔者发展了一种用 2 nm 氮掺杂碳壳封装金属 Ni 纳米晶体的新策略，原子级 STEM 成像和 EELS 元素图证明了这一点。减弱的 O 结合能有效减轻了 HOR 极化过程中不良的表面氧化，并且催化剂在 10 000 次电位循环后表现出显著增强的耐用性。正如 DFT 模拟所支持的那样，CN_x 涂层将 H 以及 O 和 OH 的结合能降低到了接近最佳值。而且，N 缺陷的存在被认为通过用吡啶构型锚定 Ni 单原子来增强 Ni@CN_x 的电催化性能。当与 Pt/C 阴极配对时，Ni@CN_x 表现出约 500 mW/cm^2 的基准峰值功率密度（PPD）。这代表了 APEFC 中非贵金属阳极中的最高性能。此外，由于 CN_x 层提供了增强的抗氧化性，Ni@CN_x 在 0.6 A/cm^2 下可以稳定运行超过 20 h，优于相应的 Ni 纳米颗粒催化剂。这种稳定性代表了非贵金属 HOR 催化剂的突破性成就。最后，相对于 Pt/C，Ni@CN_x 对 CO 的耐受性显著增强，从而能够使用含有微量 CO 的氢气，这对于实际应用至关重要。

一般来说，有前途的 HOR 催化剂应该表现出高活性和耐久性，而且成本低。钌基催化剂似乎比其他 PGM 催化剂更有前景，因为它们以更低的成本表现出优异的 HOR 性能。非贵金属催化剂，尤其是镍基催化剂，仅具有适度的 HOR 活性，但通过最小化颗粒尺寸以及与其他金属或掺杂剂形成合金可以显著增强它们的活性。通过表面涂层策略有效提高了镍基催化剂的耐久性。大多数研究的 HOR 性能都是基于 RDE 测量报告的，而很少有报告证明了 MEA 性能。例如，与 Pt/C 相比，PtRu/C 在室温 RDE 测量中显示出更高的 HOR 活性，但在用作氢阳极时在 MEA 研究中仅表现出较小的性能增强。我们预计，对 HOR 机制的基本理解的进步不仅会导致 AEMFC 中的高性能非贵金属 HOR 电催化剂，而且还有助于阐明更复杂的多电子 ORR 机制。

第四章　碱性介质中的 ORR 电催化

4.1　酸 / 碱介质中 ORR 基本机制

燃料电池技术最重大的挑战是开发电催化剂来加速阴极缓慢的氧还原反应（ORR）。即使是最活跃的单金属催化剂 Pt，仍然表现出 300~400 mV 的高过电势，以便为 ORR 实现可观的电流密度（反应速率）。了解反应动力学和机制并建立具有增强活性、选择性和稳定性的 ORR 电催化剂的设计规则至关重要。经过 30 多年对 ORR 机制的广泛研究，虽然某些方面仍存在争议，但对某些 ORR 途径、关键中间体和潜在的决速步骤（RDS）已达成共识。这部分将回顾酸和碱中的一般 ORR 机制，重点是明确的单晶 Pt 电极。单晶 Pt 表面的使用极大地简化了构效关系的复杂性，并深刻地塑造和增强了对 ORR 机制的基本理解。从单晶研究中获得的知识可以进一步扩展到实际纳米颗粒（NP）形式的催化剂中。

通过精确控制的阶梯式 Pt 表面，我们将系统地介绍 ORR 活性的决定因素以及 H 和 OH 吸附的基本性质，包括表面原子排列、界面水结构、pH 、温度和电解质中的阳离子 / 阴离子。特别令人感兴趣的是带电界面处新出现 / 认识到的水结构的重要性。尽管如此，在表面吸附的传统热力学考虑中，这一点经常被忽视，至少部分原因是检测界面水以及大规模模拟的巨大挑战。表面增强振动光谱的最新应用提供了带电界面上电位依赖性水取向的分子图像。最后，讨论旨在准确量化具有零电荷电势（pzc）和最大熵电势（pme）的界面水的本征性质而做的努力，并将它们与电催化活性联系起来。

酸和碱中的一般 ORR 机制总结于图 2-2 中。ORR 机制的早期研究主要集中在酸性介质上，部分原因是 PEMFC 的发展。早期研究经常使用硫酸或高氯酸，因为它们比磷酸更容易纯化。在酸性环境中，O_2 可以通过 $4e^-$过程（$E^\theta = 1.229$ V）完全还原为 H_2O，也可以通过 $2e^-$ 过程部分还原为 H_2O_2（$E^\theta = 0.695$ V）。这两个过程通常作为竞争反应同时发生，并决定催化剂的选择性。过氧化物会导致能量密度降低，并会降解燃料电池中的聚合物膜。因此，$2e^-$ 过程是我们不希望的。传统上，O_2 或 O（ΔG_O）的吸附能被提议作为初步描述符来解释不同金属表面 ORR 活性的相关性。根据 Sabatier 原理以及 ΔG_O 和 ΔG_{OH} 之间的比例关系，中间的 ΔG_O 预计会产生最佳的 ORR 活性，因为氧吸附太弱会阻碍第一步的动力学，而太强的氧吸附会阻碍后续 OH 物质的去除。然而，应该记住，火山图无法预测电位相关的反应速率、RDS 或电解质环境的显著影响。为了阐明 ORR 机制的复杂性，非常需要 *OH 随后是快速不可逆电子转移过程。HO_2* 是酸性介质中 ORR 的中间体，具有可溶性且寿命很短，即使用最近的原位表面增强振动光谱仍然难以检测。HO_2* 的后续反应在分叉点处分裂：化学过程为 *OH 和 O*，然后从 O* 转化为 *OH；PCET 过程生成 H_2O_2（过氧化物），然后进行 O–O 断裂过程以形成两个 *OH。最后一步是 *OH 的不可逆 PCET 过程并转化为 H_2O。吸附 O_2* 可以通过三种不同的方式转化为 HO_2*（超氧化物）。特别是 HO_2 可以歧化成 H_2O_2 和 O_2（n），并且 H_2O_2 可以通过类似的过程产生 H_2O 和 O_2（o）。这两个过程都不涉及电子转移，因此都会导致整体 ORR 中法拉第效率的损失。可溶性 H_2O_2 的电生成通过旋转环盘电极（RRDE）进行了广泛的研究，并已证明在酸性介质中 Pt 上的影响最小，但 Au 上的影响占主导地位。

尽管碱中的 ORR 机制不像酸中那样被充分理解，但类似的反应途径已被提出（图 2-2）。在缺质子的碱性环境中，O_2 通过 $4e^-$ 过程还原为 OH^-，或通过 $2e^-$ 过程还原为 HO_2^-。值得注意的是，H_2O 是碱中 PCET 的主要质子供体，而 H^+（H_3O^+）是酸中的主要质子供体。同样重要，H_2O 是碱中的反应物，而 H_2O 是酸中的产物。这导致 AEMFC 与 PEMFC 的水管理存在根本差异。

与酸性环境相反，O_2^{-}*（超氧阴离子自由基）和 HO_2^-（超氧阴离子）是碱中的主要中间体，考虑到 HO_2 和 H_2O_2 的 pKa 值分别为 4.7 和 11.6，在弱碱（pH=8~11）中，大量的 H_2O_2 将与 HO_2^- 共存。O_2^- 可以通过化学（iii，v）或电化学（iv，vi）过程经历类似的分叉形成 $^*OH$。在 ORR 过程中,在没有缓冲能力的弱酸(pH=3~6）或弱碱（pH=8~11）中，界面 pH 可能与本体 pH 显著不同，因为 H^+ 不断消耗，或 OH^- 不断产生。例如，据报道，Pt（111）的 ORR 速率受到未缓冲 $HClO_4/NaClO_4$（pH=2.5~4）中质子浓度的限制。随着 ORR 速率的增加和质子消耗的加快,界面 pH 逐渐增加到 7 以上，整个反应从 $O_2+4H^++4e^- \rightleftharpoons 2H_2O$ 转换为 $O_2+2H_2O+4e^- \rightleftharpoons 4OH^-$。相反，使用对阴离子（如 $NaF/HClO_4$ 和 NaF/NaOH）吸附较弱或没有特异性的缓冲溶液，界面 pH 也可以很好地控制为接近本体 pH 值，以可靠地研究 pH 对 Pt ORR 活性的影响。

4.1.1　ORR 机制的原位光谱研究

原位 / 操作光谱学的最新发展使得能够在电化学条件下直接检测表面吸附的反应中间体。ORR 期间的含氧物质由于浓度低、寿命短以及共吸附物质与周围水的相似性而通常难以研究。由于纳米结构金属上的局域表面等离子激元，表面增强振动技术，包括表面增强拉曼光谱（SERS）和表面增强技术，振动信号大大增强（高达 10^8 倍）。红外吸收光谱（SEIRAS）可作为强大的诊断工具来探测操作条件下电极 - 电解质界面处含氧物质的身份。

虽然表面增强效应已为人所知数十年，但它们在 ORR 研究中的应用主要是在 Au 和 Pt 的多晶薄膜上，以利用等离子体激发效应。然而，最近开发的壳分离纳米颗粒增强拉曼光谱（SHINERS）已将此类研究扩展到 SERS 非活性电极，例如单晶表面和合金纳米粒子。同时，密度泛函理论（DFT）模拟经常被用来协助振动光谱中的谱带分配以及特定吸附位点和配置的识别。具有明确的表面结构及其兼容性。

原位 SERS 显示了令人信服的证据，证明在 Pt 单晶的酸中存在 HO_2*，在碱中存在 O_2^-*。Li 和同事最近使用 SHINERS 在 ORR 过程中探测各种含 O^- 物质。在酸性介质中，Pt（111）在 732 cm^{-1} 处表现出一个新的拉曼峰，低于 0.85 V vs RHE，这被指定为 HO_2*，基于 H/D 同位素实验，H_2O_2 被排除，因为在这样的电势下它会立即还原为 H_2O。类似地，同一小组在阶梯式 Pt 单晶和 Pt_3Co 纳米粒子上鉴定出 HO_2*。相比之下，Pt（100）和 Pt（110）没有显示出 HO_2* 的证据，而是 *OH，这归因于与 Pt（111）相比，这些表面上的 HO* 较低的解离能垒。在弱碱（pH = 8~11）中，大量的 H_2O_2 将与 HO^- 共存。Pt（111）以及（100）和（110）仅在约 1150 cm^{-1} 处低于 0.85 V 时显示 O_2*，这是基于不存在 H/D 但存在 ^{18}O 同位素效应。类似地，Adzic 及其同事的早期原位 SEIRAS 研究基于 DFT 计算确定了基底中 Pt 薄膜上 O_2^-* 的存在及其在 Pt（111）上的顶 - 桥 - 顶构型。Feliu 等人最近的一项研究基于对约 1080 cm^{-1} 处 O–O 振动带的观察，在 O_2 饱和的 NaF/$HClO_4$ 溶液（pH = 5.5）中检测到 Pt（111）上存在 O_2^-。使用原位红外反射吸收光谱（IRRAS），Yagi 和同事对 Au（111）进行原位 SEIRAS 分析，进一步在 1220 cm^{-1} 处鉴定出酸中的 HO_2*，其覆盖范围持续增加电位从 1.0 V 下降到 0.1 V，这与 Gewirth 及其同事之前的 SERS 研究一致。

通过原位衰减全反射傅里叶变换红外光谱（ATRFTIR），在带有质子交换膜 Nafion 的 Pt 薄膜上鉴定出吸附分子 O_2*。红外峰位于 1403 cm^{-1}，在约 0.5 V（vs RHE）处实现了最大幅度，并被分配给 O_2*，因为它在 N_2 环境中不存在，对 H/D 同位素实验不敏感，并且在高达 1.1 V 的电位下具有稳定性，这就排除了 O_2^-* 的可能性。还报道了在 ORR 条件下商业 Pt/C 催化剂上存在弱吸附的 O_2*（1468 cm^{-1} 处）。类似地，在酸中的 Au（111）上检测到了 O_2* 与 H_2O 和 ClO^- 的共吸附，并且相对于 N_2 环境，在 O_2 饱和溶液中表现出更高的强度。与 O_2 相比，O_2* 在 Pt 上，其对 Au 的覆盖率在较低电势下继续下降。值得指出的是，对于自由 O_2，作为单核双原子分子，IR 跃迁是被禁止的，但它在电极表面的吸附可能会由于电子转移和界面电场而引起偶极矩，从而允许一些跃迁。原位电化学石英晶体微天平（EQCM）揭示了有关表面的其他定量信息，其对表面质量变化的灵敏度达到纳克级。含 O 物质的覆盖率，O_2^- 饱和 HF 中的值远高于 He^- 饱和 HF 中的值，这与 $HClO_4$ 中的差异类似。然而，O_2^- 饱和 HF 中的覆盖率在 0.6 V 时达到约 0.8，远高于 O_2^- 饱和 $HClO_4$ 在 0.6 V 时的覆盖率（约为 0.5），这归因于弱酸性 HF 中的 $[H^+]$ 低得多,阻碍了含 O 物质的消耗。为了克服 EQCM 中化学信息的缺乏，Watanabe 等人采用电化学 X 射线光电子能谱（EC-XPS）用于识别和量化不同电位下每种类型的含 O 物质。需要注意的是，此处描述的 EC-XPS 研究涉及电极从溶液中的转移在电势控制下进入超高真空（UHV）室，然后冷冻排空大量电解质，以保持表面吸附物。使用 HF 代替 $HClO_4$ 来获得反应物质的 O 1s 光谱，而没有溶液干扰。H_2O* 在 Pt（111）上的覆盖率随着电位从 0.4 V 上升到约 0.8 V 而增加，然后下降。最大值出现在 E < 0.6 V 时，与“蝴蝶”区域中 OH 形成的开始一致，而覆盖率在 0.9 V 后开始增加，这与 Pt–OH 氧化形成 Pt – O 的起始电位一致。值得注意的是，EC–XPS 估计共吸附的 H_2O 和 OH 的总覆盖率达到最大值约 2/3，这是来自 Pt 电化学测量的 O 物质最大覆盖范围的典型值。在 0.4 V 处发现 H_2O* 的覆盖率几乎为零，我们认为这低估了真实的情况。当 E 接近 Pt（111）的零自由电荷（pzfc）电势（约 0.28 V vs SHE）时，界面水在 Pt 上的吸附较弱，并且表现得像散装水一样更加无序，并且在冷冻排空过程中很容易逸出。总之，原位 / 操作光谱研究，加上理论模拟和同位素实验，已经明确识别了关键反应中间体，包括 O_2*、H_2O*、HO_2*（酸）、O^-*（碱）、*OH 等，并研究了它们的电位依赖性覆盖率以及与其他共吸附物质的相互作用。这种原位研究支持图 2–2 中的 ORR 机制。尽管如此，值得指出的是，ORR 是一种复杂的电化学反应，根据电极表面结构、电位等实验条件，它可以在分子水平上遵循不同的机制。

4.1.2 旋转圆盘电极（RDE）上 ORR 动力学的电化学研究

ORR 动力学已通过使用旋转圆盘电极（RDE）技术的电化学测量进行了广泛研究，本文介绍了最具代表性的进展。铂在不同旋转速率下的典型 RDE 极化曲线表现出一个动力学控制区域，其起始电位（E_{onset}）约为 1.0 V，并在 E< 0.75 V 处达到传质控制。极限扩散电流（I_{lim}）遵循 Levich 方程。在 E<0.3 V 时，电流密度降至极限电流密度（j_{lim}）以下，同时过氧化物产量增加，最初表明 H_{ads} 可能

部分阻断表面活性位点，导致 $2e^-$ 过程的贡献更大。然而最近对 Pt（111）上 H_2O_2 还原反应的研究表明，在更负的电位下，H_2O_2 还原的抑制并不依赖于氢吸附过程，而是依赖于界面水重组和 pzfc。观察 Tafel 斜率的转变是有趣的。随着过电势的增加，在正向驱动更高的电流密度，在约 0.9 V 时 Tafel 斜率从 60 增加到约 120 mV/dec，但在负向方向上塔菲尔斜率恒定为约 70 mV/dec。Tafel 斜率从 60 mV/dec 过渡到约 120 mV/dec 的机制仍在争论中。Damjanovic 和他的同事最初提出这是由于从 Temkin 型吸附机制变为 Langmuir 型吸附机制，因为含 O 物质在较大的过电势下逐渐解吸。然而，之前的光谱研究表明，大量的相对于 RHE，0.8~1.0 V 之间仍存在含 O 物质，这对使用简化的朗缪尔吸附机制来解释在这种电位下 Tafel 斜率达到 120 mV/dec 的有效性提出了质疑。

在 $HClO_4$/NaF 缓冲溶液中以 2500 rpm 的转速记录不同 pH 值下 Pt(111)的 ORR 偏振曲线，以维持界面处稳定的 pH 值。结果观察到，随着 pH 从 1.2 增加到 5.6（$[H^+]$ 从 63 mmol/L 减少到 2.5 μmol/L），j_{lim} 显著减小。这似乎是由于 pH 值较高时过氧化物产率较高，或者 ORR 仅仅受到质子浓度的限制。然而，进一步旋转圆盘环盘电极（RRDE）实验清楚地表明，尽管 pH 值较高，但过氧化物产率没有增加，并且不同氧分压的 RDE 实验表明限制因素是 O_2 而不是 H^+。HO_2* 转化为 H_2O_2* 需要一个质子和一个电子（图 2-2，反应 f），因此，其动力学在较高 pH 下会减慢。与此同时，大部分 H_2O_2* 将经历化学歧化（DISP）（图 2-2，反应 n），这将导致法拉第效率损失，从而导致 j_{lim} 在较高 pH 下减少。通过将上限电势（E_{up}）从 0.9 调整到 1.15 V 来揭示 HO_2 可溶性质的进一步电化学证据。在 50 rpm 的慢旋转速率下，峰值降低电流密度（j_p）负向扫描在 E_{up} 较高时明显增加。相比之下，在 500 rpm 的较快旋转速率下没有观察到电流过冲。这些结果表明，生成了可溶性中间体，并在 1.0 V 以上积聚，该中间体将在 E < 0.9 V 时发生电化学反应。

4.1.3 单晶 Pt 催化 ORR 的活性及影响因素

有了对 ORR 动力学和机制的基本了解，现在将讨论扩展到控制 ORR 活性的结构和环境因素，包括表面原子排列（阶梯和台阶）、pH 和阳离子 / 阴离子吸附、温度影响，以及特别是带电界面处的界面水结构。OH 吸附 / 解吸峰由双电层区域分隔，电压范围为 0.4~0.6 V（相对于 RHE）。[153] OH_{ads} 在酸中的吸附 / 解吸显示出 0.6~0.75 V 的宽前峰，并且在约 0.8 V 处有一个尖锐的可逆峰，这与具有排斥性 H_2O/OH 相互作用的块状冰状水的解离以及遵循 Frumkin 的吸引相互作用的阴离子周围的孤立溶剂化水有关。相反，在碱中仅观察到宽的 OH 峰，表明存在较大的横向排斥作用。相对于 Pt（111），单晶 Pt（553）[4（111）×（110）] 和 Pt（533）[4（111）×（100）]，在氢区域表现出更尖锐的吸附 / 解吸峰。这些氢峰在碱中发生正移，这不是因为 H_{ads}，而是归因于 OH_{ads} 代替了 H_{ads}。早期 RDE 研究表明，Pt 的 ORR 活性在 0.1 mol/L $HClO_4$ 中按（110）>（111）>（100）的顺序下降，在 0.1 mol/L NaOH 中按（111）≫（110）>（100）的顺序下降，并认为较低 Pt（100）的活性对 OH_{ad} 具有相对较强的抑制作用，从而阻断可用于 O_2 吸附的 Pt 位点。在酸中，ORR 活性随着台阶密度的增加而增加，这一点已被证实。模型电极中的这些观察结果激发了人们在制备具有高指数晶面的 Pt 基 ORR NP 电催化剂方面做出了广泛的努力。理论模拟将阶梯表面上较高的 ORR 活性归因于 OH 在（110）或（100）台阶上较低的吸附能和较小的配位数。（110）晶面尽管具有最高的台阶密度为 [2（111）×（111）]，但表现出比其他台阶表面更低的活性 [n（111）×（111）或（$n-1$）（111）×

(110)](n < 2)，这归因于 OH 和 O 吸附能太弱。然而，这种使用 ΔG_{OHads} 的热力学方法未能解释酸和碱之间 ORR 活性趋势的显著差异。具体来说，与基底中的所有阶梯表面相比，Pt(111)表现出最高的 ORR 活性，并且在(111)阶梯旁边添加(110)或(100)阶梯只会导致活性单调衰减。结构性质，诸如含 O 物质和 pztc 的覆盖范围等因素也未能对酸碱之间的差异给出令人满意的解释。这可能是因为没有考虑电极表面附近环境中的其他重大变化。例如，在 Pt(111)上，酸和碱中的界面水结构可能根本不同。Pt(111)的 pzfc 为 0.28 V vs SHE，并且与 pH 无关，这与表面上的水取向密切相关。

在典型的 ORR 条件下(0.7~1.0 V vs RHE)，在 0.1 mol/L 酸(例如 $HClO_4$)中，ORR 发生在 0.64~0.94 V vs SHE 范围内，但在 0.1 mol/L 碱中，ORR 发生在 −0.07~0.23 V vs SHE 范围内(例如，NaOH)。因此，Pt(111)表面将在酸中携带正净电荷并诱导 H-up O-down 水取向，而它将在碱中表现出负净电荷并形成 H-down O-up 水构型。Pt(111)和阶梯式 Pt(332)[5(111)×(110)]表面上水偶极矩的类似变化通过结合显式水吸附层和改进的 Poisson-Boltzmann(MPB)理论的 DFT 计算得到了报告。DFT-MPB 模拟表明，阶梯状 Pt(332)表面上的水取向电势(Uflip-flop)比 Pt(111)上的电势负约 0.4 V，这与 pzfc 值的实验差异一致。(110)阶梯的两种结构效应被提出来解释阶梯式 Pt(332)在酸中较高的 ORR 活性，但在碱中较低的活性：① Pt(332)中的(110)台阶比酸中的 Pt(111)更能稳定 H-up 结构，通过在台阶上形成扩展的氢键网络，从而使 OH 吸附不稳定并促进去除来自表面的 OH。这种效应在碱中不存在，因为水具有 H-down O-up 的方向。②(110)步骤可以破坏酸中表面附近的整个氢键水网，并导致与碱性介质相比溶液物质通过水网的流动性更高。类似的论点也适用于解释碱中 HOR 活性低得多，因为碱中的水网相对于酸而言刚性得多。总之，除了 O 物种吸附的传统热力学考虑之外，界面水 - 表面相互作用和水 - 水氢键网络为更好地合理化阶梯式 Pt 表面在酸和碱中的活性差异提供了另一个视角。

以 NaF 作为缓冲液，在几乎没有特定阴离子吸附的条件下，已在酸和碱中，在各种阶梯表面上对 pH 对 Pt 的 ORR 活性的影响进行了系统研究。Pt（111）的 ORR 活性在酸和碱中均表现出线性相关性，预计 pH 值约为 9 时具有最高活性。有人提出，当 ORR 的起始电位（约 1.0 V vs RHE）接近其 pzfc 值（0.28 V vs SHE）时，Pt（111）的 ORR 活性可以达到最大值。当这两个值相等时，ORR 发生时界面水层的无序程度最高，这使得溶液中的物种对水的排斥最容易并以最低的能垒吸附重新定向的水。这个论点预测最佳 pH 值为约 11，与实验观察（最佳 pH 值约为 9）的差异可能是因为在碱中，Pt（111）的 pzfc 位于 OH_{ads} 区域内，并且 ORR 动力学也受到 OH 吸附过程的影响。与 Pt（111）相比，Pt（100）和（110）的 ORR 活性很大程度上对 pH 不敏感。这是合理的，因为 Pt（111）在正常 ORR 电位窗口 0.7~1.0 V vs RHE 上具有相对较弱的 OH 吸附，并且 Pt（111）上的 OH_{ads} 在 $E < 0.7$ V 时倾向于完全解吸。然而，Pt（100）和（110）具有相对较强的 OH 吸附，并且 OH 仅在 $E < 0.3$~0.5 V 时开始解吸。因此，Pt（100）和 Pt（110）的 ORR 活性主要由下式决定：OH 吸附过程受界面水结构的影响要小得多。pH <7 时，阶梯式 Pt（544），（755）[$n = 9, 6$，n（111）×（100）] 的 ORR 活性介于 Pt（111）和 Pt（100）之间，以及 Pt（554），（775）[$n = 9, 6$，n（111）×（110）] 显示活性介于 Pt（111）和 Pt（110）之间。当 pH > 7 时，所有阶梯式 Pt 表面都遵循与 Pt（111）相同的趋势，因为 Pt（111）比 Pt（100）或（110）活性高得多，并且在很大程度上决定了 ORR 活性。由于在该 pH 范围内 Pt 上有强烈的阴离子特异性吸附，例如碳酸盐或磷酸盐，因此没有关于 7~10 pH 值的数据报告，这使得对 ORR 曲线的解释变得复杂。

Pt 的 ORR 活性可以通过电解质中阳离子和阴离子的性质来调节。Pt（111）在 0.1 mol/L MOH（M 为碱金属阳离子）中的 ORR 活性遵循以下顺序 $Li^+ \ll Na^+ < K^+ < Cs^+$。以其高电荷 / 半径比（Z/r）引起其附近溶剂化水的强烈极化，并通过 $(H_2O)_xM^+ \cdots OH_{ads}$ 或 $(H_2O)_xM^+ \cdots HOH \cdots OH_{ads}$ 簇产生强烈的非共价相互作用。$(H_2O)_xM^+ \cdots OH_{ads}$ 相互作用的强度与 ORR 活性顺序相反，这表明这些簇可能抑制反应物向表面的移动，阻止可用的 Pt 位点，从而降低 ORR 率。Koper 等人进一步研究了碱金属阳离子对阶梯状 Pt 表面的影响，提出 Li^+ 可以减弱 OH 吸附层中 OH_{ads} 之间的相互排斥作用，促进 OH 在（111）台阶和（110）台阶上的吸附，并增强 CO 氧化动力学。阴离子对 Pt 的 ORR 活性也有显著影响。在阴离子吸附酸中，例如 H_2SO_4，ORR 活性以相反的顺序增加，Pt（111）≪Pt（100）<Pt（110），这归因于 SO_4^{2-}/HSO_4^- 的强吸附对 Pt（111）具有很强的抑制作用。NaF 作为缓冲液，几乎没有特定阴离子吸附。Pt（111）的 ORR 活性在酸和碱中均表现出线性相关性，预计 pH 值约为 9 时具有最大活性。有人提出，当 ORR 的起始电位（约 1.0 V vs RHE，相对于 RHE 而言与 pH 无关）接近其 pzfc 值（0.28 V vs SHE）时，Pt（111）的 ORR 活性可以达到最大值（vs SHE），它与 pH 无关。当这两个值相等时，ORR 发生时界面水层的无序程度最高，这使得溶液物质最容易排斥水并以最低的重新定向水能垒吸附。

研究温度对 Pt 电化学行为的影响可以提供 H 和 OH 吸附的重要的基本热力学和动力学信息，这对于基本了解 HOR 和 ORR 动力学至关重要，特别是在大多数高温的情况下。Pt（111）在 0.1 mol/L

$HClO_4$ 中在 283 K 和 323 K 下的 CV 曲线中 OH_{ads} 峰出现负移，表明 H 或 OH 的电势相关覆盖率可以通过减去双电层背景后对电荷进行积分来计算。生成吉布斯自由能(ΔG^f)可以计算横向相互作用强度。假设 Frumkin 型吸附等温线，吸附物中的 ω 可以根据 ΔG^f 对 θ 作图，所得直线的斜率进行估计。

4.1.4 从分子视角看带电表 / 界面的水结构

从带电表面、界面水结构的分子视角来看固 – 液界面，特别是电极 – 电解质界面，不仅在理解电催化方面发挥着核心作用，而且在理解许多其他电化学反应（例如腐蚀和大多数化学反应）方面发挥着核心作用。传统上，人们提出了固体表面上水的“双电层模型”，其中包含 6 个水分子，形成具有褶皱结构的六角环。下面的 3 个水分子与表面强烈相互作用，而上面的 3 个水分子则与下部形成氢键。然而，后来的低能电子衍射研究（LEED）显示了 O 原子的共面构型。最近对 Ru（001）上 H_2O 的理论研究预测 H_2O 可以部分解离成 OH^- 和 H^+，以及 ^-OH 和 H_2 的混合层 O 可以形成比传统双电层模型更稳定的氢键共面六边形水网。原子尺度扫描隧道显微镜（STM）的进步使得界面处的水能够直接可视化，并展示了与传统双电层模型不同的各种水结构，例如 Ni（110）上的水五边形平面冰链、Ag（110）上的六边形以及 Cu（110）上的共面 H_2O/OH 混合层。最近的高分辨率 STM 图像显示，水 – 水和水 – 表面的相互作用驱动氢键水网形成共面六边形水环的 26–H_2O 2D 晶胞，周围环绕着 3 对水五边形和七边形。中心六边形中的水分子平坦并与 Pt 表面发生强烈相互作用。为了优化水之间的氢键，五边形和七边形中的水分子具有指向 Pt 表面的悬挂氢键，并且比中心平坦的六边形高约 0.6 Å。

OH 是 ORR 和 HOR 的重要反应中间体。Nilsson 等人采用了大

量技术来提供 H_2O–HO 混合层结构的清晰分子图解，包括 LEED、软 X 射线吸收光谱（XAS）、X 射线光电子能谱（XPS）、俄歇电子能谱和 DFT 模拟。Pt（111）上的 H_2O–HO（1∶1）有两种类型的结构模型：（3×3）和（ $\sqrt{3}\times\sqrt{3}$ ）R30° 。这两种结虽然对称性不同，但均为六边形共面结构。两种模型均显示 OH 作为 H 受体时 O–O 距离较短（分别为 2.66 和 2.73 Å）以及以 OH 作为 H 供体的更长的 O–O 距离（分别为 3.16 和 3.02 Å）。这清楚地表明，OH 是一个强的 H 受体，但由于其带负电荷的 O 中心，对于形成 H 键来说是一个较差的 H 供体。 H_2O 和 OH 在氢键和表面键合之间表现出协同效应。为了优化 H 键网络，共面结构增强了 H_2O–Pt 相互作用，但减弱了 HO–Pt 相互作用。H_2O 和 Pt 之间电荷密度的损失最大限度地减少了 Pauli 排斥，并稳定了 Pt 上的 H_2O_{ads}，而平坦的 H_2O 构型不太有利于 HO–Pt 相互作用，这可以通过与 H_2O 形成强 H 键来补偿。这种通过电荷重新分布的协同效应增强了 H_2O/OH 混合层的整体稳定性。尽管真空中的实验和模拟提供了表面水的原子尺度上的结构，但有必要去除前 1~2 层，并在施加电势下原位研究表面附近液态水的动态环境。田等人最近结合原位拉曼（SHINERS）和从头算分子动力学（MD）来跟踪带电 Au（111）表面上的水重新取向。由于其表面的电化学惰性，在 0.1 mol/L Na_2SO_4（pH=7）中析氢之前，Au 可以承受与 Au（111）的 pzc（pzc 值：0.48 V vs SHE）相比为 –2.2 V 的负电势。对于负电势，水从最初结构上的“平行”演变为超过 –1.29 V vs pzc 的一个 H–down 构象，并最终在 –1.85 V vs pzc 之后超出 2 个 H–down 排列。与此同时，氢键供体的平均数量（N_{donor}）从 1.2 减少到仅 0.7，表明悬空不饱和氢键显著增加。

由于双电层区域下方或上方 H 或 OH 的共吸附，Pt 上的动态水结构更加复杂。Osawa 等人采用原位 SEIRAS 研究 0.1 mol/L H_2SO_4

中 Pt 薄膜上的水结构。3550~3590 和 1600~1645cm^{-1} 处的 IR 峰归因于 O–H 伸缩振动 ν（OH）和 HOH 弯曲振动 δ（HOH）。在 H_{ads} 区域，随着 E 从 0.05 V 增加到 0.4 V，ν（OH）和 δ（HOH）模式均表现出强度衰减，并分别红移至较低波数（3550~3515 和 1611~1600 cm^{-1}）。这种变化归因于在较高电势下形成更平面的水取向，因为红外强度与 α cos2ϕ 成正比，其中 α 和 ϕ 分别是红外吸收系数和水偶极子相对于表面法线的倾斜角。在 3040 cm^{-1} 处出现了一个新的峰，与 RHE 相比超过 0.25 V，这是冰中强氢键水分子的特征（标记为“冰样”）。在双电层区域（0.4~0.6 V vs RHE），新峰出现在 3590 cm^{-1}[ν（OH）] 和 1645 cm^{-1}[δ（HOH）]，归因于更垂直的第二层水，以响应第一层水的平面方向。Pt 表面附近的水网从 E < pzc 处具有 H–down 的弱氢键网络转变为接近平面的强氢键冰状网络。E>pzc 处的构型(多聚铂的 pzc 相对于 RHE 为约 0.25 V)。即使当 E 高达 1.2 V（远高于 pzc）时，Pt 上也存在约 3000 cm^{-1} 处的这种冰状特征，这与仅在 pzc 周围具有类似特征的 Au 形成鲜明对比，这可能是由于相对于 H_2O–Au 而言，H_2O–Pt 相互作用更强。OH_{ads} 区域（0.7~1.0）约 3000 cm^{-1} 处存在冰状水，意味着 H_2O 之间的强氢键网络仍然存在。如果 H_2O 和 H_2O 之间出现强氢键，作者预计峰会从 3000 cm^{-1} 移动到 3200 cm^{-1}，而这在他们的实验中并未观察到。这种矛盾可能来自于 H_2O–OH 和 H_2O– H_2O 之间尚未解决的相互作用以及它们与 Pt 表面的相互作用。如果 Nilsson 的模型对于液体中 Pt 上 OH_{ads} 区域中的第一层 H_2O/OH 有效），考虑到 OH 的平面性质，它不会出现在红外光谱中。在这种情况下，其他技术，例如拉曼或 X 射线方法可能为进一步阐明 Pt 上的水结构提供新的机会。总之，随着能够处理表面相互作用和散装水的原位技术和模拟的不断发展，预计在破译施加电势下金属（和更复杂的金属氧化物）表面的水结构方面会取得更多令人兴奋的突破。

4.1.5 电势和 pH 相关的界面水结构

通过确定零电荷势（pzc）和最大熵电势（pme），对水在带电表面和界面处的界面特性的理解得到了极大的增强。随着 pzc 的确定，定义了两种类型的 pzc：总电荷电位（pztc）和零自由电荷电位（pzfc）。pztc 定义了双电层中的自由电荷与电极表面化学吸附物质的“化学电荷”精确平衡的电位。pzfc 表示双电层中不存在额外阳离子或阴离子时的电势，并且对应于确定界面处电场的真实电荷。换句话说，pzfc 是金属表面 pzc 的类似物，不受 H 或 OH 吸附的影响，因此与水偶极子的界面性质密切相关。pme 定义了表面水具有最高混乱度并在 H–up 和 H--down 模式之间重新定向的潜力。本部分将回顾确定 Pt 的 pzc 和 pme 的基本方法及其对阶梯密度、颗粒尺寸和溶液 pH 值以及它们与 H 和 OH 吸附的相关性。

pztc 可以通过 CV 测量和 CO 置换实验确定，因为 CO 是中性探针，在吸附过程中不会引起电荷转移。在 0.1 mol/L $HClO_4$ 中测量 Pt（111）的 pztc 为 0.33 V vs RHE。由于双电层区域没有 Pt（111）上的 H 或 OH 吸附，因此电荷仅与 EDL 中的自由电荷有关，在这种情况下，pztc 和 pzfc 是相等的。因此，假设双电层电容恒定，可以将自由电荷从双电层外推到 H_{ads} 区域，以获得 Pt（111）的 pzfc 为 0.16 V vs RHE。然而，CO 覆盖的表面仍然保持着 10~15 μC/cm^2 的少量残余电荷。校正残余电荷后，Pt（111）的 pztc 和 pzfc 相对于 RHE 分别为 0.39 和 0.34 V。Pt（111）的 pztc 在 pH = 1 和 13 时表现出 pH 依赖性行为，分别为 0.39 和 0.70 V vs RHE（即 0.32 和 –0.076 V vs SHE）。相比之下，值得注意的是，Pt（111）的 pzfc 与 SHE 无关，并且相对于 SHE 保持几乎恒定的 0.28 V 值，该值接近双电层区域，不受 H 或 OH 吸附的显著影响。它代表了电化学双电层（EDL）的固有特性，可作为其他系统的参考点。Pt（100）和 Pt（110）在 0.1 mol/L $HClO_4$ 中表现出 0.42 V vs RHE 的 pztc 值，分别高于和低于 Pt（111）（0.39 V）。据报道，在 0.1 mol/L $HClO_4$ 中，Pt 聚集体的 pztc 值约为 0.29 V vs RHE，作为 3 个基面的平均值。

在 0.1 mol/L $HClO_4$ 中，以 CO 置换和 N_2O 还原作为分子探针，研究了阶梯密度对阶梯 Pt [（n−1）（111）×（110）] 表面 pztc 的影响。由于其独特的弱吸附，N_2O 分子能够在台阶和平台上显示两个不同的吸附 / 还原峰，并且对局部 pztc 值敏感。随着台阶密度的增加（较小的平台宽度），（110）台阶的局部 pztc 值逐渐从 0.14 V vs RHE 增加，并接近 Pt（110）基面的 pztc 值（约 0.2 V），而局部 pztc 值（111）阶地电压从 0.4 V 开始下降。这表明阶跃密度较高时，阶跃和阶地之间的电荷重新分布不断增加。在 Pt（111）（$n=\infty$）上，有趣的是观察到 N_2O 的 pztc 比 CO 的 pztc 高 50 mV。H_2O 倾向于自然吸附在 Pt 上，并带有轻微的 H−up，由于相互作用而没有施加电势的 O−down 配置。由于 N_2O 是弱探针，在吸附之前需要首先排斥水，因此可以合理地预期和 CO 相比，N_2O 需要更多的正电势来排斥位点阻断 H−up H_2O 偶极子。除了 N_2O 的中性探针外，过氧二硫酸盐（$S_2O_2^-$，PDS）还可作为独特的带电探针来解决。表面电势和 pzfc 与阶梯密度的斜率比功函数的斜率更小。Pt 纳米颗粒（NP）的尺寸和形态也会影响 pztc 值，进而影响催化活性。Mayrhofer 等人报道称，随着 Pt 颗粒尺寸从 30 nm 减小到 1 nm，pztc 值减小 35 mV，这归因于催化剂表面的 pzfc 露台和台阶。

除了 N_2O 中性探针外，过氧二硫酸盐（$S_2O_8^{2-}$，PDS）也是一种独特的带电探针，用于解析阶梯和台阶的局部 pzfc 在较窄的电位范围内产生大量电流，还原电流在更正或更负的电位下降至零。由于

PDS 还原需要正极充电，并且当电极充电时会受到抑制变为负值时，零电流密度下的 PDS 还原电位可以近似局部 pzfc 值。Pt（111）的 pzfc 值（约 0.30 V vs SHE）基于不同 pH 值下的 PDS 还原，与 CO 置换法的 pzfc 值和 pme 值一致。（111）台阶的 pzfc [Pt（n−1）（111）×（110）] 的值（根据 pH = 5 时的 PDS 还原确定），表现出与 pme 值在较高台阶密度下与较高 pzfc 值类似的趋势。PDS 和 N_2O 还原测量之间的差异可能源于中性 N_2O 分子相对于敏感的 PDS 阴离子缺乏跟随自由电荷变化的敏感性。考虑到（111）阶地的局部功函数将保持恒定，无论台阶密度如何，在较高台阶密度下 PDS 减少的 pzfc 值的正向变化与台阶对界面水网的影响相关。PDS 更容易吸附在 Pt 表面上，且用量较少。随着 OH 结合强度的增加，这种尺寸依赖性显著影响催化活性。1 nm Pt NPs（0.8 mA/cm^2）显示出比 30 nm（4 mA/cm^2）小得多的 ORR 活性，但具有更高的 CO 氧化活性，这归因于在较小的颗粒上 OH 吸附的增强。

除了 pztc 和 pzfc 之外，双电层形成的 PME 还可以通过激光诱导温度跳跃（T-jump）方法进行测量，该方法为研究电势相关的水偶极子以及从 H/OH 吸附中将水解离出来提供了新的机会。pme 与 pzfc 密切相关，并且台阶 Pt 表面在台阶和阶地的 N_2O 位移实验中显示出局部 pme 和 pztc 之间具有良好的相关性。T-jump 方法应用纳秒激光脉冲将界面温度突然升高 10~30 K。由温度扰动引起的电势瞬变的库静态变化可测量电势的热系数。

从前面的讨论中，我们知道 pzfc 不具有化学吸附性，并且与表面的固有性质相关性更大。因此，尽管存在一些不确定性，阶梯式 Pt 表面的 pzfc 值是通过将 q 与 E 的关系图从双电层区域外推到电荷常数 18 μC/cm^2 来估计的，以减轻外推到 H 吸附区域的不确定性很大。值得注意的是，pzfc 值显示出与功函数值相似的斜率趋势。这意味着类似的偶极子效应与电化学和 UHV 测量中的阶跃相关，并间接验证了 CO 置换法对阶跃 Pt 的 pzfc 的分析。有了更准确的 pzfc 值，我们预计 pzfc 和功函数之间的差异可能会揭示由于水偶极子和台阶的固有偶极矩之间的相互作用而导致的表面电势变化的额外信息。与 RHE 相比，pH 依赖性为 60 mV/pH。当 pH 从 1 变化到 6 时，Pt（111）的 pme 相对于 SHE 保持恒定在 0.3 V，表明 pztc 主要受自由电荷密度控制，并且保持接近 Pt（111）的 pzfc（ 0.28 V vs SHE）。进一步研究表明，Pt（111）的 pme 值总是比 pztc 值低约 50 mV，这与 CO 和 N_2O 之间 pztc 的 50 mV 差异一致。这再次表明，在没有电场的情况下，水在 Pt（111）上具有较小的净 H-up 方向。与此形成鲜明对比的是，Pt（100）和 Pt（110）的 pztc 值与 RHE 相比很大程度上与 pH 无关，表明在酸性介质中它们的 pztc 值主要由 H 吸附决定。Pt（100）和 Pt（110）均表现出比 pme 值更高的 pztc 值，表明总电荷不仅由自由电荷组成，还由对应于 H_{ads} 的一些超额电荷组成。Pt（100）和 Pt（110）的 pme 值分别表现出 30 和 15 mV/pH 的 pH 依赖性，这意味着 H 吸附的影响不同。在 pH = 3 时，Pt（111）的 pme 比 Pt（100）和 Pt（110）的 pme 分别高约 0.10 和约 0.32 V，这与它们的功函数 [Pt（111）、Pt（100）和 Pt（110）分别为 5.93、5.84 和 5.67 eV] 之间的差别是一致的。同样，最近对 Pt（111）上各种吸附原子的研究表明，Bi 和 Pb 的功函数值低于 Pt（111），导致较低的 pme 值，而 S 和 Se 的功函数高于 Pt（111），导致较高的 pme 值。pme、pzfc 和功函数之间的密切相关性提供了关于水偶极子和表面电荷偶极子之间相互作用的新见解。

在最近的一份报告中，使用 Pt [（n-1）（111）×（110）] 研究了阶梯密度对 PME 的影响，特别是在碱性介质中。Pt 阶梯上的电位瞬变也显示出两个局部最大值，分别对应于台阶和阶梯的局部

pme，这与 N_2O 测量的局部 pztc 类似。总体而言，（110）台阶的 pme 值（0.1~0.3 V）远低于（111）阶地的 pme 值（0.4~0.7 V），这与 N（111）台阶和阶地的局部 pztc 差异一致。（110）阶跃的 pme 值在酸和碱中随着阶跃密度的增加而基本不变，并且显示出 12 mV/pH vs RHE（约 50 mV/pH vs SHE）的 pH 依赖性，小于典型的能斯特位移（59 mV/ pH 与 SHE）。非能斯特 pH 值变化归因于溶液中阳离子的共吸附对界面水网的改变。与（110）相比，（111）阶梯的 PME 与 RHE 表现出强烈的 pH 依赖性。在酸性介质中，Pt（111）台阶上的 PME 在较高的台阶密度下继续增加。如前所述，由于界面网络中的自然 H–up 配置，酸中的 pme 小于 pzfc。台阶的引入会破坏 H 键合网络，并且需要较少的负电荷来翻转 H–up 结构，从而使 pme 值更接近 pzfc。在碱性介质中，pme 显示出相反的趋势，在较高的阶梯密度下衰减。Pt（111）阶梯的底部会显示出 H–down 结构，并且阶梯引起的水结构破坏会将 pme 移至较低值。另一种可能性是 OH_{ads} 更倾向于吸附在（110）台阶上而不是（111）阶梯上，并且可以在阶梯上感应出正图像电荷，这将需要更多的负电势才能实现 PME。H 和 OH 吸附对 pme 的不良干扰实际上可以用来研究 H 吸附动力学特性。通过基于 Bulter-Volmer 方程并假设 Frumkin 型相互作用的模拟，使用随时间变化的电位瞬态曲线来提取反应速率常数 k° 和电荷转移电阻等。Pt（111）在酸中对 H_{ads} 的 k° 为 $10^{4.5}$ s^{-1}，比 Pt（100）（$10^{3.4}$ s^{-1}）高一个数量级，表明 Pt（111）上的 H 吸附/解吸过程比 Pt（100）上快得多。同时，Pt（111）显示出 21~25 mΩ cm^2 的 R_{CT}，小于 Pt（100）（150~500 mΩ cm^2）的 10%，这与电化学阻抗测量（EIS）测得的 R_{CT} 值一致。有趣的是，酸中 Pt（111）上的 OH_{ads} 的 k° 为 $10^{4.7}$ s^{-1}，与相同条件下的 H_{ads} 相当，这与在酸中的 Pt（111）上观察到尖锐的可逆 OH_{ads} 特征是一致的。

综上所述，pztc、pzfc、pme 可以很好地描述界面水结构。台阶、pH 和粒径对这些值的影响揭示了水偶极子和金属表面之间的相互作用，以及台阶上 H 或 OH 吸附如何影响氢键网络。这一分析强调了一个根本性的重要方面：界面水结构往往在决定表面活性方面发挥着重要作用，应在这一领域不断投入努力，为调节催化剂活性提供更合理的指导。

4.2 非贵金属 ORR 电催化剂

经过 20 年的广泛研究和开发，质子交换膜燃料电池已经实现了电动汽车商业化的初级阶段。尽管如此，PEMFC 仍然需要大量昂贵的 Pt 基催化剂用于 ORR，部分原因是，从热力学角度来看，3d 过渡金属等非贵金属催化剂在酸性介质中不稳定。作为一种新兴的替代品，AEMFC 越来越受到关注，因为它们可以使用非贵金属电催化剂并有效缓解碳酸盐沉淀问题。非贵金属催化剂，例如 3d 金属或金属氧化物、钙钛矿和含 N- 金属掺杂碳（M–N–C）因其低成本、活性潜力大和耐用性高而具有吸引力。最近开发的具有高离子电导率和稳定性的阴离子交换膜（AEM）推动了各种碱性能源技术的发展，例如燃料电池、水电解槽和 CO_2 还原。使用非贵金属 ORR 催化剂的 AEMFC 现在能够展示出与使用 Pt 基催化剂的 PEMFC 相当的初始性能。虽然非贵金属 ORR 和 HOR 电催化剂的开发显示出有前景的进展，但评估稳定性，即燃料电池运行期间碱性介质中非贵金属催化剂和 AEM 的影响至关重要。非贵金属催化剂稳定性的初步评估主要通过 RDE 测量进行。更现实的耐久性测试需要 MEA 测试。

本部分将概述非贵金属催化剂，特别是金属氧化物、氮化物和 M–N–C 的基本 ORR 机制，以及它们在碱性介质中的催化机制。本部分还将讨论几个结构描述符，为 ORR 活性趋势寻找合理的解释，并为非贵金属催化剂的设计提供新的策略，具有非常重要的意义。一般地，氧结合强度、e_g 电子填充、M–O 键共价性、表面应变和氧空位等都是影响催化剂 ORR 活性的因素。特别感兴趣的是使用具有明确表面结构的单晶金属氧化物，以更好地理解结构 - 活性关系并潜在地识别 ORR 活性位点。单晶氧化物可以使用原位 X 射线衍射和光谱法将活性与操作条件下氧化物表面的结构 / 成分变化相关联。特别强调了作为 ORR 电催化剂的 3d 金属尖晶石纳米晶体的设计和合成，特别是 Co–Mn 尖晶石，其已证明 MEA 性能可与 Pt/C 相媲美。下面将回顾金属氮化物和 M–N–C 的最新进展，并讨论它们在碱性介质中的 ORR 活性和稳定性。此外，其他非 Pt 贵金属催化剂，例如 Pd 基、Ru 基和 Ag 基合金，在碱性介质中表现出接近 Pt 的 ORR 活性，并且可以使需要非常高能量的汽车应用的 ORR 电催化剂的选择多样化。相比之下，Pt 仍然是 Pt 族金属（PGM）中在酸中对 ORR 催化活性最高的元素。

这些研究将为碱性介质中贵金属和非贵金属电催化剂的 ORR 机制提供有意义的参考。

4.2.1 非贵金属氧化物和氮化物电催化剂

对于 ORR，过渡金属氧化物表面上的一般 ORR 机制可以通过四步 PCET 过程来简化，其中水充当碱性介质中的质子供体。逆循环也可以用来描述析氧反应（OER），具有一定程度的相似性。最近的几篇评论指出了氧化物催化 ORR 和 OER 之间的相似性。有人提出，步骤 1 中的 O_2^{2-}/OH^- 置换和 OH^- 再生之间的竞争步骤 4 决定碱性介质中的总体 ORR 速率。Goodenough 等人首先通过 OH^- 和 $O_2^{2-}/O_{2,\ ads}$ 之间的交换讨论了金红石和坡缕石上的 ORR 机制，并提出交换速率取决于 M–OH 结合强度和不同温度下表面 OH 物质的质子化。特别是，氧结合强度太弱会阻碍表面 OH 被 O_2^{2-} 物质取代，而氧结合力太强会限制表面 OH 的产生。

通过研究 ORR/OER 过程，表面上的氧化物可以在溶液中扩散并歧化成更稳定形式的过氧化物或水。氧化物的反应中间体和途径很大程度上尚未被探索，仍然是进一步研究的活跃领域。

一种可能的氧化物简化 ORR 机制表明，反应物 O_2 和 H_2O 以及产物 OH^-中的所有 O 物种均来自溶液，并且没有晶格氧参与 ORR 过程。然而，氧化物表面上的实际 ORR 机制可能更复杂，并且可能根据过渡金属位点的配位环境而变化。对 RuO_2 和 IrO_2 颗粒的早期微分电化学质谱（DEMS）通过 ^{18}O 同位素实验研究报告了晶格氧参与 OER 的事实。最近，Baltruschat 和同事对 Co_3O_4 的定量 DEMS 研究表明，10% ~30% 的表面晶格氧通过氧交换机制参与 OER。另一项 DEMS 研究表明，更多共价的 $SrCoO_{3-\delta}$ 和 $La_{0.5}Sr_{0.5}Co_{3-\delta}$ 中晶格氧参与反应，但共价较少的 $LaCoO_3$ 颗粒中，晶格氧未参与反应。值得指出的是，DEMS 的检测灵敏度很大程度上取决于电解池的几何形状，而最近开发的双薄层流动池 DEMS 可以增强收集效率，从而提高 DEMS 分析的可靠性。这些研究表明，氧电催化可以随着晶格氧的质子化以及随后在 ORR 过程中产生的 O^{2-} 的置换而发生，这可能会在晶格氧交换过程中诱导氧空位的形成。据报道，$SrCoO_{3-\delta}$ 和其他钙钛矿的 OER 活性相对于 RHE 具有 pH 依赖性，表明氧电催化的 RDS 不是协调的 PCET 过程，并且质子转移可以与电子转移过程脱钩。

为了合理解释 ORR/OER 活性趋势，提出了几种氧化物的活性描述符。在这些研究的氧化物中，自 1970 年首次发现 $La_{0.8}Co_{0.2}Co_3$ 作为碱性介质中的活性 ORR 催化剂以来，钙钛矿晶体家族因其良好的结构可调性和优异的活性而受到特别关注。Trasatti 首先将各种钙钛矿、尖晶石和金红石的 OER 活性与从低到高氧化态转变的焓相关联，这被用作 M–O 键强度的近似值。Bockris 和 Otakawa 通过研究一系列 ABO_3 钙钛矿的趋势，建立了八面体 B 位点的 e_g 占据与 ORR/OER 活性之间的相关性，并将 e_g 和 O 2p 轨道之间的混合定义为描述符。从分子轨道的角度来看，金属 d 轨道和 O 2p 轨道在八面体配位环境中的杂化导致 5 个简并 d 轨道的晶体场分裂成 2 个更高能量的 e_g 轨道（d_{z^2}，$d_{x^2-y^2}$）和 3 个较低能量的 t_{2g} 轨道（d_{xy}，d_{xz}，d_{yz}）。e_g 占用模型假设具有 σ 特征的 e_g 轨道与具有 π 特征的 t_{2g} 轨道相比，与 O 2p σ 轨道的相互作用更强。这种方法的优点是 B 位点的 e_g 电子占据可以通过体相 XAS 和磁性测量从氧化和自旋状态实验确定。B 位点 e_g 占有率较低的钙钛矿氧化物（$e_g<1$）往往与氧结合太强，导致步骤 4 变慢，而具有高 e_g 占用率的氧化物（$e_g>1$）与氧结合太弱。单个 e_g 电子可以破坏 B–OH 键的稳定性，并用更稳定的 B–OO 键取代它，从而增强 O_2^{2-}/OH^- 位移的动力学。然而，仅 e_g 占有率无法解释 ORR 活性趋势，例如，$LaNiO_3$>$LaCoO_3$>$LaMnO_3$，它们共享几乎相同的 e_g 电子数。然后提出 M–O 共价键作为辅助描述符：$LaNiO_3$ 具有较大的 M–O 共价键（即更强的 Md–Op 杂化），可以促进 M 和 O 之间的电子转移，有利于 O_2^{2-}/OH^- 在 B 位点上交换。通过扩展 X 射线吸收精细结构（EXAFS）估计，尖晶石类似的 ORR 活性趋势与 AB_2O_4 正常尖晶石八面体位点中的 e_g 占据相关，其中 A 和 B 分别代表四面体和八面体位点。然而，由于 XAS 和磁性测量是块状材料的平均信号，无法描述表面，因此需要谨慎量化不同位置的金属价和占位的准确性。最近开发的扫描透射电子显微镜（STEM）成像和电子能量损失光谱（EELS）提供了在原子尺度上明确表征表面结构和成分以及评估体相 / 表面差异的机会。

金属氧化物可以是离子型、共价型或介于两者之间的。根据电子态之间的重叠，混合程度可以对物理化学性质发挥重要作用。在零级近似下，由于钙钛矿 B 位中的早期过渡金属（例如 V、Cr 和 Mn）的电负性比氧小，因此 M 3d 和 O 2p 之间的混合受到限制。因此，相应的钙钛矿是半导体，其“导带”和“价带”边缘主要具有 d 特征。基于相同的原理，钙钛矿 B 位点的后过渡金属（例如 Co、Ni、Cu）的电负性更接近氧。这增加了 M–O 杂化的程度，从而导致“导带”和“价带”边缘的 p 特征增加。这种共价性的增加导致费米能级（E_F）的下移以及金属 3d 和 O 2p 态之间的能隙减小，从而形成离域能带。O 2p 和金属 d 带之间的这种混合物可以使氧化物成为半导体（例如 $LaCoO_3$）甚至金属（例如 $LaNiO_3$），具体取决于流动电子的性质。钙钛矿 ABO_3 允许用 +1 ~ +3 价的各种阳离子部分取代 A 位。这种取代会影响 B 位价态和 / 或氧化学计量。用 Sr^{2+} 部分取代 La^{3+} 导致 $La_{1-x}Sr_xCo_{1-x}{}^{3+}Co_x{}^{4+}O_3$ 的 Co 3d 和 O 2p 能带间形成更大重叠（即较大的 M–O 共价键），这会将 E_F 降低到 Co 3d/O 2p π* 能带并产生配体空穴。M–O 共价的增加与促进晶格氧氧化的能力以及相对于 $LaCoO_3$ 而言 $SrCoO_{3-\delta}$ 和 $LaCo_{1-x}Fe_xO_3$ OER 活性的增强相关。M–O 共价键的增加，通过费米能级和 Op 带中心之间的间隙估计，已被提议允许更快的表面氧交换动力学和增强的 OER 活性。然而，当 Op 带中心太靠近 E_F 时，例如在 $Ba_{0.5}Sr_{0.5}Co_{0.8}Fe_{0.2}O_{3-\delta}$ 上，OER 活性因 A 位金属浸出和快速非晶化而稳定性变差。换句话说，增加 M–O 共价性也会增加氧化物释放晶格氧并形成氧空位的倾向。

氧化物的生长及其后的退火在氧空位和相关缺陷的形成中起着至关重要的作用。氧空位对晶格参数、配位环境、电导率和催化活性有很大影响。氧化学计量可通过碘量法、Ce 量法、$Cu^{+/2+}$ 库仑滴定法、气体容量分析法以及基于中子和 X 射线衍射的结构精修进行测量，δ 精度优于 $\pm$ 0.01。Stevenson 及其同事最近的一项研究强调了氧空位含量在解释 $La_{1-x}Sr_xCoO_{3-\delta}$ 的 OER 活性方面的重要性。钙钛矿的 OER 活性显著增强，特别是 $SrCoO_{2.7}$ 与氧空位的增加和通过计时电流法估计的更快的 O^{2-} 扩散相关。$La_{1-x}Sr_xCoO_{3-\delta}$，其中 $x > 0$，由于 M-O 共价和氧化学计量的增加，氧空位显著增加。他们还通过从头开始建模提出了通过晶格氧参与的空位介导的 OER 机制，以证明还有其他的替代途径。

乙炔黑作为碳载体可以降低负载钙钛矿 $Ba_{0.5}Sr_{0.5}Co_{0.8}Fe_{0.2}O_{3-\delta}$ 中 Co 的价态，从而提高碱性介质中的 ORR/OER 活性。这些研究表明，了解金属氧化物催化剂与载体之间的相互作用以及设计碳和非碳载体不仅可以稳定氧化物颗粒，还可以提高其 ORR 活性。

金属氧化物催化剂在 ORR 条件下稳定性的结构描述符并不像其 ORR 活性那样得到很好的理解。初步实验表明，在负外加电位（阴极条件）下的长期稳定性测试期间，金属氧化物发生颗粒聚集、溶解、分解和表面重构。这些变化可以通过 TEM、X 射线光谱、EQCM 和电感耦合等离子体质谱（ICP-MS）等技术进行监测。与 OER 条件相比，阳极电位往往会引起金属位点的不可逆氧化和可能的氧空位，ORR 条件可以将金属氧化物还原为较低价态甚至金属相，从而引起氧化物的不可逆结构变化。早期研究表明，$LaNiO_3$ 在长时间暴露于碱性介质中的低电势过程中会发生异质还原，生成 $La(OH)_3$ 和 NiO，导致活性快速衰减。Suntivich 及其同事最近的一项研究表明，在碱性介质中的 ORR 过程中，$La/SrMnO_3$ 单晶在低电位下具有类似的催化剂不稳定性。最近的一份报告表明，用 Cu 取代 B 位点中的 Mn（$LaCu_{0.5}Mn_{0.5}O_3$）可以在低至 0.4 V（vs RHE）电压下保持稳定的结构。如何在不阻塞活性位点的情况下增强催化剂与载体的相互作用仍然是一个关键挑战。可以通过稳定 B 位点中的 $M^{3+/4+}$ 同时抑制 A 和 B 位点中金属的浸出来实现结构稳定性。

总之，与贵金属相比，非贵金属氧化物表面的 ORR 机制相当复杂，部分原因是反应途径根据金属位点的配位环境和氧化物表面的结构而变化。人们从分子轨道和能带理论中提出了几种活性描述符，将金属氧化物的电子结构和氧空位与其活性和稳定性相关联。然而，所提出的描述符未考虑氧化物表面上氧电催化的分子细节和复杂性质，因此适用性有限。例如，当试图解释 RuO_2、IrO_2 和 Ni-Fe 氧化物等其他氧化物家族出色的 OER 活性时，d 电子或 e_g 电子的数量价值有限。因此，仅依靠描述符方法是不够的。氧化物和反应中间体之间相互作用的分子细节，在不同的电化学势下，对于理解扩展的氢键水网与氧化物表面相互作用的独特作用，以及在缺质子碱性环境中的 ORR 过程中水如何充当 PCET 的质子供体至关重要。

4.2.2 氧化物电催化

金属氧化物纳米颗粒的性质受合成方法、粒径（及其分布）、形态以及晶体取向、缺陷和氧空位等因素的影响。这些因素对控制金属氧化物电催化剂的本征活性提出了巨大的挑战，并且可能使对金属氧化物电催化剂的本征活性的理解变得复杂。相比之下，单晶金属氧化物提供了明确的表面结构 / 成分。因此，它们有可能像单晶铂对研究金属催化剂所起的作用那样，增进对氧化物电催化的理解。单晶金属氧化物可以通过多种方法制备，然而，它们通常涉及高温合成。近年来，脉冲激光等薄膜方法、沉积（PLD）和分子束外延（MBE）能够精确控制表面和本体的结构及成分，所得催化剂具有原子级平坦的表面和最小的缺陷，已被证明是生产轮廓分明的金属氧化物表面的替代方法。为简单起见，鉴于其类似单晶的表面行为，在本书中将这些明确定义的金属氧化物薄膜称为“单晶”。

常压 XPS（AP-XPS）进一步显示，价带中心与 ORR 活性呈正相关，其中合理的解释认为相对于 E_F 较低的价带中心可能会削弱 OH 物质的吸附。这种修饰的 OH 相互作用促进 OH^-/O^{2-} 交换，从而促进碱性介质中的 ORR 动力学。通过 PLD 生长的 $La_{0.8}Sr_{0.2}CoO_3$ 单晶表现出增加的 ORR 活性，但不稳定顺序也增加：(110)>(111)>(001)。$La_{0.8}Sr_{0.2}CoO_3$ 的 X 射线反射率测量显示晶格膨胀和氧空位的形成，以补偿 Co^{3+} 的还原，在碱性介质中的 ORR 过程中扫至低电势后可能会形成 La/Co 氢氧化物。将氧化物放置在具有压缩或拉伸应变的不同基底上，提供了另一种调整氧化物表面结构的方法，类似于设计 PEMFC 的 Pt_3Co@Pt 核壳催化剂所使用的策略。例如，相对于体相具有中等拉伸应变（约 1.8%）的 $LaCoO_3$ 薄膜，由基底诱导，相对于具有 -0.5% 压缩应变和 2.6% 拉伸应变。然而，应变对氧化物表面键合的影响并非微不足道。最近对在不同基底上生长的 $SrIrO_3$（100）的研究表明，水吸附可以抵消应变对表面氧结合强度的影响，使 OER 活性与应变无关。这一发现指出了重要的联系真空和电化学环境中的表面氧结合之间的关系，在后一种情况下，界面水网络可以抵消应变对氧结合的预期影响。因此，即使使用明确的氧化物表面，确定原子结构、电子结构和电化学之间的相互作用仍然具有挑战性。使用先进的沉积方法来生长明确的氧化物电催化剂，为实现化学上不同的金属氧化物的原子层的新颖组合提供了独特的机会。STEM 图像和 EELS 元素图证明了原子突变的 $La_2O/MnO_2/SrO$ 和 $SrO/MnO_2/La_2O_3$ 界面，具有 MnO_2 表面终端（从表面到次表面标记为 SLL），显示出金属行为。利用这种能力，现在可以控制最顶层表面层到基底的化学成分，例如，将表面的组合物堆叠为 LMO-SMO-LMO（LSL）或 LMO-LMO-SMO（LLS）和 Srfree LMO-LMO-LMO（LLL）。这些原子级精确的材料是用不同的表面层和次表面层制备的，但具有相同的整体成分，因此具有相同的整体 d 电子构型。尽管 SLL 以 $SrMnO_3$ 作为最顶层，但具有增强的电导率，相对于绝缘 LLL（纯 $LaMnO_3$）更有利于 ORR。$SrMnO_3$ 可以与 O_2 反应形成不期望的绝缘 SrO 层。将 $SrMnO_3$ 设计为 LSL 中的中间层，可保持稳定的 $LaMnO_3$ 表面，同时仍受益于 $SrMnO_3$ 改进的电子效应，从而实现 LSL 的最佳 ORR 活性。这些研究表明与传统的块状晶体生长相比，通过薄膜沉积可以以原子层精度实现氧化物表面 / 次表面结构和成分的巨大可调性。

单晶氧化物还可以检验水电解行业中两种最活跃的 OER 电催化剂 RuO_2 和 IrO_2 的基本机理。显示了在 TiO_2 基底上 MBE 生长的 RuO_2（110）在碱性介质中的 CV 曲线。约 1 V vs RHE 处的宽可逆峰归因于 OH_{ad} 电吸附（$H_2O_{ad} \rightarrow OH_{ad} + H^+ + e^-$）而约 1.3 V vs RHE 处的较尖锐峰代表 O_{ad} 电吸附（$OH_{ad} \rightarrow O_{ad} + H^+ + e^-$），分别对应于 $Ru^{3+/4+}$ 和 $Ru^{4+/5+}$ 氧化还原对。基于 Frumkin 等温线的分析表明：OH 和 O 吸附物在焓上相互排斥（ΔH 在较高覆盖率时变得更正），但在熵上相互吸引（ΔS 在较高覆盖率时变得更正），OH 吸附显示正相互作用参数 ω（排斥相互作用），O 吸附显示负值（吸引相互作用）。这些观察表明吸附质 - 吸附质相互作用在理解电吸附过程中的关键作用。这一观察与作为相互作用介质的界面水分子网络有关。OH 和 O 吸附峰均表现出与 RHE 相比的非能斯特 pH 依赖性（即，与 SHE 相比 >59 mV/pH），表明该反应可能涉及从 Ru 到 O/OH 的部分电荷转移，从而导致电子转移数低于理想比率。为了量化 pH 依赖性，使用对应于 50% 覆盖率的 OH 和 O 吸附峰位置来估计吸附自由能 ΔG_{OH}（E_{OHad}）和 ΔG_O（$E_{OHad} + E_{Oad}$）和 90% 覆盖率的电位窗口用作误差线。RuO_2 的 ΔG_{OH} 和 ΔG_O 之间存在线性比例关系，这与 Pt 基催化剂中公认的趋势相似。人们可能会预见到铂基催化剂中常见的火山型关系。然而，RuO_2 在中性 pH 下在 ΔG_O-ΔG_{OH} 的中间值处表现出最小的 OER 活性。此外，RuO_2 和 IrO_2 单晶表现出相似的 OER 活性，尽管 ΔG_O-ΔG_{OH} 的值非常不同。这种与传统 Sabatier 原理的偏差表明电吸附能量可能缺乏涉及界面水存在下质子和电子转移的微动力学细节。这种活性趋势被解释为关于在酸性和碱性介质中形成 OOH_{ad} 的两种可能的不同 RDS：酸中 $O_{ad}+H_2O \rightarrow OOH_{ad}+H^++e^-$ 和碱中 $O_{ad}+OH^- \rightarrow OOH_{ad}+e^-$。如果生成 OOH_{ad} 的动力学在酸性介质中比在碱性介质中更有利，则在酸性介质中提高 pH 值会阻碍 OOH_{ad} 的形成，而在碱性介质中提高 pH 值会促进 OOH_{ad} 的形成，从而促进 OER 动力学。

最近开发的表面敏感 X 射线方法提供了氧化物表面界面水的结构信息。例如，云母（001）（一种层状铝硅酸盐）的镜面 X 射线反射率表明，第一层水与氧化物表面有很强的相互作用，氧密度是本体水的 2 倍。表面 10 Å 范围内氧密度沿氧化物表面法线方向的振荡表明水的界面有序化。对尖晶石 Fe_3O_4（001）的 AP-XPS 研究表明，在 10^{-4} Torr 的极低水压下，水开始吸附，并逐渐解离到表面 OH 物质中，在 10^{-2} Torr 下获得单层 OH 膜。

在这里，重点关注两种选定的催化剂（RuO_2 和 Fe_2O_3），重点介绍在施加电势下氧化物催化剂表面的界面水结构和含氧中间体的解释方面的最新进展。Ertl 及其同事利用 EELS 和 LEED 对 RuO_2（110）进行的早期报告表明，O_2 气体分子可以快速吸附和解离，形成稳定的 Ru-O-Ru 桥接构型以及 Ru-O 在末端位置。Lister 和 Nagy 使用非镜面氧晶体截断棒（CTR）测量了酸性和碱性介质中 RuO_2（110）和（100）上电位依赖性水吸附。他们在碱性介质中

发现了块体 RuO_2（110）上的 OH 吸附层，该吸附层可以与界面水相互作用，在高温下形成冰状双电层结构，潜力接近 OER。在低电位时，桥接的 OH 层转化为低密度的相应水层。Shao-Horn 最近的研究通过 X 射线 CTR 测量和 DFT 模拟研究了酸性介质中具有不同晶体取向的 RuO_2 单晶的表面结构变化。值得注意的是，H 原子的位置是仅根据 CTR 测量中 Ru–O 键长的变化推测的，因为 H 原子的 X 射线散射截面非常小。反应中间体在具有配位不饱和（cus）Ru 位点（Ru 与 5 个 O 原子成键）和桥 Ru 位点（Ru 与 6 个 O 原子成键）的 RuO_2（110）上的吸附。在低电势（例如 0.5 V）下，H_2O 吸附在 Ru_{CUS} 位点上，并且通过氧物质的质子化在桥位点上形成 OH。在接近 OH_{ad} 峰值（例如 1.0 V）的电势下，Ru_{CUS} 位点上的每个第二个水分子都会解离，而桥位点上的每个 OH_{ad} 都会去质子化。在 O_{ad} 吸附峰之后的电位（例如 1.3 V），所有 Ru_{CUS} 位点均充满 OH,而所有桥位点均被去质子化。在接近 OER 的电势（例如 1.5 V）下，Ru_{CUS} 位点上的 OO 物种被识别并被相邻桥位点上的 OH_{ad} 稳定，并且提出了 OH 基团的去质子化和随后的 OO 去除作为 RuO_2（110）在酸中可能的 RDS。随后通过原位 SEIRAS 和 H/D 同位素测量证实了 OO 物种的存在。RuO_2 单晶在酸中表现出的 OER 活性顺序为（100）>（101）>（110）≈（111）。Ru（100）的 OER 最高，这归因于和 Ru（110）（5/nm^2）相比,Ru（100）的活性位点密度较高（7/nm^2）,且降低了 Ru（100）活性位点上 OO 的结合能。尽管 Ru（101）的活性位点密度也很高（8/nm^2）,但由于 Ru（101）的 OO 结合更弱，所以其决速步有可能为 $Ru\text{–}O + H_2O \rightarrow Ru\text{–}OOH + H^+ + e^-$，这导致了 Ru（101）只有中等的 OER 活性。最后，值得指出的是，实际使用的 RuO_2 纳米颗粒表现出与最活跃的 RuO_2（100）相当甚至更高的 OER 活性。仔细研究氧化物纳米颗粒表面台阶、晶界和其他结构缺陷可以为观察到的高活性提供新的线索，并有助于设计其他非贵金属的 OER 催化剂。

Operando X 射线驻波（XSWs）可以在垂直于表面的方向上以原子级深度分辨率解析电极 - 电解质界面。XSWs 是由布拉格反射处的入射波和强反射波之间的干涉产生的。XSW 的周期可以通过高 Z/ 低 Z 层状合成微结构（LSM）从 Å 到 nm 进行调整，以满足长度 - 实验的规模要求，例如几十埃的界面处的电荷分布。随着入射光束的角度在强布拉格反射上前进，XSW 可以对电化学双电层中的不同原子层进行采样，并进一步延伸到溶液层中。由 XSW 的入射角监测的垂直于表面的 d 间距充当“内置标尺”，能够提供 Å 级垂直分辨率。早期研究在 Pt/C LSM 上采用原位 XSW 和 X 射线荧光光谱，首次提供了电沉积铜对 Pt 上吸附的碘化物层进行位移的明确证据。Fadley 等人最近的一项研究将 XSW 与 AP-XPS 结合起来，研究沉积在 Si/Mo LSM 上的多晶 Fe_2O_3 薄膜（约 6 Å 表面粗糙度）上 NaOH/CsOH 碱性溶液中的离子分布。它提供了直接证据，表明在入射角正向偏移 0.04° 的情况下，Na^+ 比 Cs^+ 距离氧化物表面近约 4 Å。Cs^+ 距氧化物表面的距离越远，类似于 Cs^+ 与 Pt 表面的较弱相互作用，就会导致更高的 ORR 活性。应该指出的是，对于软 X 射线（约 1 keV）的 AP-XPS，该异位研究中的液体层仅限于约 1 nm。Operando XSW 能够使用沉积在 LSM 上的多晶氧化物薄膜，这消除了使用单晶氧化物的限制，并且在实际燃料电池反应条件下解决纳米颗粒氧化物催化剂上的固 / 液界面方面具有广阔的应用前景。除了上述 X 射线方法外，光学振动光谱，特别是表面增强拉曼光谱和红外光谱，已被广泛用于研究氧化物 - 电解质界面处的反应中间体。这些表面增强技术通常需要在粗糙的（通常是金）金属基材上沉积一薄层氧化膜。Weaver 和同事进行了早期原位 SERS 研究，在粗糙的 Au 基底上电沉积 3 单层多聚 Ru 薄膜，以研究 Ru 的电化学氧化和 RuO_2 的还原，涉及酸中 $Ru^{3+/4+}$ 的转变。Bell 和同事利用 SERS 演示了 Co_3O_4 和 Ni-Fe 氢氧化物在 Au 基底上的动态氧化，并在接近 OER 的电位下捕获了 CoOOH 和 NiOOH 的关键反应中间体。值得一提的是，氧化膜厚度和金属基材对氧化物的电子结构有显著影响，进而影响催化活性。一种策略是在金属基材上涂上一层薄薄的惰性氧化物层，以防止基底和所研究的氧化物催化剂之间的电荷转移。Yang 和同事最近的工作采用 SERS 与 Al_2O_3 涂覆的银纳米颗粒组件，并在光化学水分解过程中识别了 TiO_2 表面上的 OOH、O^{2-} 和 OH 中间体。未来的技术发展可能使得能够直接使用单晶和多晶形式的块状氧化物晶体。总之，原位 X 射线和振动光谱的使用提供了对氧化物表面动态结构变化的罕见观察。可以预计，空间和时间分辨光谱学的进步将进一步加深对这些复杂氧化物表面的理解。

4.2.3 纳米级金属氧化物的 ORR 活性

由于碱性燃料电池能够使用非贵金属 ORR 催化剂，据报道，根据 RDE 测试，多种纳米颗粒候选物在碱性介质中显示出有前景的 ORR 活性，例如贵金属基合金、氮掺杂碳、钙钛矿和 3d 过渡金属氧化物。然而，只有少数 RDE 结果转化为 AEMFC 中令人鼓舞的 MEA 性能。尽管前两节介绍了许多钙钛矿候选物作为活性 ORR 催化剂，但根据 RDE 测试，它们目前的 ORR 活性与碱性介质中的 Pt/C 相比仍然非常差，这可能是由于微米尺寸的催化剂颗粒电化学比表面积小和 / 或电子电导率差造成的。大尺寸是因为大多数钙钛矿基催化剂是通过固态合成制备的，这通常需要高温煅烧才能获得理想的单相。正如前面所讨论的，许多钙钛矿 ORR 催化剂在低还原电位（<0.6 V）下稳定性差，是该系列催化剂在实际应用中面临

的巨大挑战。基于 RDE 测试的钙钛矿活性和稳定性正在等待 MEA 测试的检验。考虑到 MEA 测试的典型电池电压范围为 1.0~0.3 V，设计非贵金属 ORR 催化剂非常重要，该催化剂不仅具有高活性，而且能够在低还原电位下长时间保持稳定性。

具有尖晶石结构的 3d 过渡金属氧化物由于其高活性、长期耐用性和低成本而成为碱性燃料电池中新型 ORR 电催化剂。根据碱性介质中的 RDE 测试，Co 和 Mn 氧化物已被报道为有效的 ORR 电催化剂。此外，相对于相应的单金属氧化物，Co–M（M 为 Mn、Fe、Ni、Cu、Zn、Mo 等）及其他双金属氧化物在碱性条件下表现出增强的 ORR 活性。在双金属氧化物作为 ORR 电催化剂的开发过程中，多价活性位点和两个金属中心之间的化学相互作用经常被认为是与增强电催化活性相关的可能的结构 / 电子因素。尽管对 3d 金属氧化物电催化剂进行了大量研究，但对电催化机制仍知之甚少。最近，报道了一种简便的水热法来合成 15 种 AB_2O_4 尖晶石（A：Mn、Fe、Co、Ni 和 Cu；B：Mn、Fe 和 Co）ORR 电催化剂。这些催化剂具有良好的八面体形态和小粒径（约 30 nm）。钴基尖晶石家族 ACo_2O_4 具有规则的立方晶体结构，其中 A 原子占据四面体位点，而 Co 原子占据八面体位点的一半。与 Co_3O_4 相比，由于 $Mn^{3+}[3d^4]$ 周围存在 Jahn–Teller 畸变，Mn 基尖晶石族（AMn_2O_4 具有对称性较低的四方尖晶石结构。铁基尖晶石 AFe_2O_4 通常采用立方反尖晶石结构，其中所有 A 原子和一半 Fe 原子占据八面体位置，而另一半 Fe 原子占据四面体位置。初步 RDE 测量显示 $MnCo_2O_4$/C、$CoMn_2O_4$/C 和 $CoFe_2O_4$/C 是 15 种催化剂 中最活跃的三种。与之前报道的氧化物 ORR 催化剂相比，得益于高活性表面和小粒径（~30 nm）。Mn–Co 尖晶石还表现出与 Pt/C 相当的 ORR 选择性，并且在加速 RDE 稳定性测试中具有低过氧化物产率和出色的耐久性。值得一提的是，仅仅将 Co 和 Mn 放在双金属尖晶石相中是不够的，表面化学成分很重要。通过微调合成方法，合成了三种类型的尖晶石，它们具有相同的块体成分 $Co_{1.5}Mn_{1.5}O_4$，并且富 Co、富 Mn 且表面元素分布均匀。均质 Co-Mn 尖晶石表现出的 ORR 活性是富 Co 或富 Mn 尖晶石的两倍，这表明对电催化剂表面组成的精确控制对于设计高活性 ORR 电催化剂至关重要。

采用原子尺度 STEM 成像和 EELS 光谱研究 Co–Mn 尖晶石的结构和局部化学环境。$CoMn_2O_4$ 的高角度环形暗场（HAADF）STEM 图像沿 [011] 方向呈现出四方尖晶石的特征层状结构。两个 4.9 和 3.0 Å 的条纹间距分别与 $CoMn_2O_4$（011）和（200）晶面 4.88 和 3.04 Å 的理论晶面匹配良好。EELS 图提供了 $CoMn_2O_4$ 沿 [011] 方向的层状结构的明确证据。与具有均匀元素分布的 $CoMn_2O_4$ 相比，$MnCo_2O_4$ 表现出清晰的富 Co 核和富 Mn 壳（2~4 nm）结构。详细分析 $MnCo_2O_4$/C 中 Mn、Co 和 O 的局部化学环境需要具有高能量和空间分辨率的 EELS 光谱中的精细结构，这通常被称为能量 – 损耗近边结构（ELNES）。ELNES 对局部电子结构的变化非常敏感，例如价态和配位环境，因为它可以直接探测费米能级以上未填充态密度的密度。Co 的 ELNES 谱 L_3 边缘来自核心的光谱类似于 Co_3O_4（II, III）的特征，表明核内 Co 主要为立方尖晶石，Co^{2+} 和 Co^{3+} 分别在核和壳区域占据四面体和八面体位置。然而，壳中的 Co 显示出与 CoO（II）非常相似的显著不同的 ELNES，其中 Co 位于岩盐（NaCl）结构中的八面体位置。Mn L_3 边缘的 ELNES 谱表明，核中的 Mn 也比壳中的 Mn 具有更高的 Mn 价态。Mn L_3 边缘在核和壳区域都比 Mn 氧化物参考宽得多，表明最近邻氧分布的有序性较低，晶体对称性较低，可能是由于 Mn^{3+} 的 Jahn–Teller 畸变所致。Co 和 Mn 的 ELNES 谱在四个不同的壳层位置（S–1、S–2、S–3 和 S–4）中显示出几乎相同的特征，证明所有壳层区域都具有均匀的化学键合环境。相对于 Mn_3O_4/C 和 Co_3O_4/C，Mn–Co 尖晶石氧化物具有优异的 ORR 活性，表明 Mn 和 Co 之间存在潜在的协同相互作用。制造的电化学电池，能够以 3 mV 电位分辨率跟踪 Co 和 Mn 电子结构。Mn 和 Co 价态同时变化并表现出周期性模式，跟踪循环电位扫描，为协同相互作用提供了令人信服的证据，即 Co 和 Mn 作为 ORR 的共活性位点。代表 Co 和 Mn 价态的相对 X 射线强度在 0.42 和 1.25 V 处达到峰值，这与 CV 曲线中氧化和还原电流的边界电位（0.42 和 1.25 V）完全一致。这种独特的协同催化机制可能是 Co–Mn 氧化物电催化剂具有高活性的原因。总之，原子级 STEM–EELS 和 XAS 表征在多长度尺度上的结合，在微观和宏观层面上提供了催化剂微观结构、化学环境及其在反应条件下动态变化的互补图像。

在 PEMFC 和 AEMFC 的开发中，RDE 技术被广泛用于初步筛选电催化剂并评估其活性 / 耐久性。例如，对于 PEMFC 中 Pt/C 的基准活性，RDE 测量与 MEA 测试显示出相当好的定量一致性。然而，RDE 测量通常在用 mmol/L 水平的气体反应物饱和的水溶液中进行，而 MEA 则使用高通量加湿气体进行测试，这会导致水的明显差异。例如，尽管通过 RDE 测量报告形状控制的 Pt 基合金催化剂的 ORR 活性高达 Pt/C 的 20 倍，但这些报告尚未转化为 PEMFC 中实际的 MEA 结果。仅经过一天的 MEA 测试，八面体 PtNi 催化剂就表现出其独特形状的丧失，并浸出大量 Ni，从而污染 / 毒化了膜。与常见观察结果相反，之前的研究表明，虽然 Mn–Co 尖晶石（$Mn_{1.5}Co_{1.5}O_4$）在 RDE 测试中仅表现出适度的活性，它们表现出出色的 MEA 性能。Mn–Co 尖晶石的 RDE 曲线表现出半波电位（$E_{1/2}$）相对于 RHE 的电压为约 0.85 V，比典型 Pt/C（约 0.90 V）低 50 mV，表明 Mn–Co 尖晶石的 ORR 活性明显较低，并且这种差异在不同电位下仍然存在。RDE 测试通常表明，相对于 Pt/C，Mn–Co 尖晶石在 MEA 中的性能要低得多。然而，Mn–Co 尖晶石阴极的基准峰值功率密度（PPD）为 1.1 W/cm^2，超过了 Pt/C 在 H_2O_2 模式下，相对湿度（RH）为 100%，电池温度为 60 ℃ 时的 1.0 W/cm^2。在更现实的较低湿度（50% RH）下，Mn–Co 尖晶石保持了 0.92 W/cm^2 的高水平 PPD，而 Pt/C 的 PPD 急剧下降至 0.67 W/cm^2 。在低相对湿度下工作的能力对于在实际 H_2– 空气模式下运行的燃料电池发动机至关重要，在这种模式下，阴极的水是一种反应物，并且在高电流密度下通常会耗尽。 RDE–MEA 相关性 / 差异表明，除了用于催化剂筛选的 RDE 测量之外，在早期催化剂开发中纳入 MEA 测试也很重要。通过原位 FTIR、STEM–EELS 和 XPS 对 Mn、Co 催化剂进行额外的全面检测，提出了尖晶石催化 ORR 的机理。Mn 更喜欢结合 O_2，而 Co 更喜欢结合并活化 H_2O。因此，质子可以从 Co–OH_2 转移到相邻的 Mn–O_2，导致 Co–OH 和 Mn–OOH 物种的形成。Mn–OOH 的还原产生 Mn–O，其可以通过从邻近的 Co–OH_2 中获取第二个质子来再生成 Mn–OH。该机制突出了 H_2O 在 Co 位点上的活化和 O_2 在 Mn 位点上的质子转移还原的协同机制，这可以解释为什么 Mn–Co 尖晶石在更低的 RH 条件下优于 Pt/C 阴极。正如 MD 模拟所证明的那样，尽管 O_2 在 Mn 位点上有较好的吸附，但其 RDE 性能并不高，这主要是由于 Mn–Co 尖晶石表面的亲水性所引起的。相比之下，在注水 RDE 条件下，在相对疏水的 Pt 表面上吸附 O_2 更可行。协同 Mn–Co 尖晶石的设计除了突出了调节催化剂电子结构的传统智慧外，还突出了活化界面水以促进碱性燃料电池中 ORR 动力学的至关重要性。

4.2.4 纳米级 3d 金属氮化物的 ORR 活性

除了钙钛矿和尖晶石氧化物之外，还有其他类型的金属氧化物，例如金红石（如 MnO_2）、烧绿石（例如 $Pb_2Ru_2O_7$）和岩盐型氧化物（例如 $MnCo_2O_3$）在碱性介质中也显示出有前景的 ORR 活性。然而，金属氧化物由于其宽带隙通常具有较低的本征电导率。为了缓解这个问题并促进电子转移，金属氮化物和氮氧化物由于其固有的高电导率和通常的金属行为而成为碱性介质中新的 ORR 电催化剂家族。先前的报道包括早期的 3d 过渡金属氮化物（TiN、VN、CrN）、Mn、Fe、Co、Ni、Cu_3N、MoN 等。然而，他们报道的活性充其量是中等的（$E_{1/2}$< 0.8 V vs RHE）并且通常远低于 Pt/C。钴基氮化物，以前主要作为磁性材料进行研究。据报道，它在广泛的能源相关应用中表现出良好的性能，例如 OER 和金属空气电池。最近，一种新型氮化钴家族（Co_2N/C 、Co_3N/C 和 Co_4N/C）被在 NH_3 中通过控制温度而合成。最活跃的 Co_4N/C 与 Co_3O_4/C 相比，其在 0.85 V 下的质量活性提高了 8 倍，并且在可比的 Co 和 Pt 负载量下，在 1 mol/L KOH 中分别为 50 和 25 $\mu g/cm^2$，其 $E_{1/2}$ 仅比 Pt/C 负 15 mV。考虑到 Co_4N 相对于 Pt（约 3 nm）的粒径较大，Co_4N/C 的 ORR 活性非常高。应该注意的是，根据 Levich 方程，氧在 0.1 mol/L O_2 饱和的 KOH 或 $HClO_4$ 中按 $4e^-$路径被还原时，在 1600 rpm 下，I_d 应为 $-5.5\ mA/cm^2$。由于在 25 ℃、1 atm 下，O_2 在 1 mol/L KOH 中的溶解度为 8.42×10^{-4} mol/L，约为 0.1 mol/L KOH 中的 70%（1.21×10^{-3} mol/L），1 mol/L KOH 中 $4e^-$ ORR 的 I_d 将相应降低，在 1600 rpm 时值为 $-3.8\ mA/cm^2$。优异的性能归因于自然形成的薄氧化物壳（约 2 nm）包围的导电氮化物核的形成。导电氮化物核有效缓解了金属氧化物的低电导率，表面的薄氧化物壳为 ORR 提供了活性

位点。Co_4N 在 0.6~0.95 V 之间循环 10 000 次后表现出良好的稳定性，$E_{1/2}$ 衰减为 14 mV，低于 Pt/C 的 17 mV。最近，在碱性介质中评估了多种金属氮化物的 ORR 活性，包括 MN（M = Ti、V、Cr 和 Mn）和 M_3N（M = Fe、Co 和 Ni），其中 Co_3N 表现出最高的 ORR 活性。尽管在 MEA 测试期间，当提供可观的电流密度时，燃料电池电压通常低于 0.9 V，但在汽车应用的启动和关闭过程中，氧阴极的强极化并不罕见。因此，研究催化剂在高氧化电位下的稳定性具有重要意义。Co_3N/C 的 Co K 边在 1.0 V（开路电位）下的 X 射线吸收近边结构（XANES）类似于金属 Co 的特征，并且当电位从 1.0 V 降低至 0.1 V 时仍保持稳定。然而，当电位从 1.0 V 增加到 1.6 V 时，根据线性组合分析，Co 的 K 边缘向更高的能量值显示出显著且不可逆的变化，并且估计 Co 的平均价从约 0.8 增加到约 2.4。同时获得的原位 EXAFS 光谱清楚地证明了从 Co_3N 到混合相 Co_3O_4 和 CoOOH 的完全转变。这些结果表明，高于 1.2 V 阈值的氧化电位破坏了金属氮化物的结构，并形成了新的 Co 氧化物，这也意味着这些类型的催化剂不能用作高氧化电位下碱性 OER 的稳定电催化剂。

4.3 金属－氮－碳（M–N–C）ORR 催化剂

金属－氮－碳（M–N–C）催化剂，一类含有过渡金属（如 Fe、Co、Mn、Ni、Cu）的碳材料，通常以金属原子的形式配位，几十年来，一直被作为酸性和碱性介质中代替 PGM 的低成本 ORR 电催化剂而研究。与酸性介质相比，M–N–C 催化剂在碱性介质中通常表现出更高的 ORR 活性，并且碳腐蚀的倾向更低。然而，由于 PEMFC 技术的成熟，迄今为止，M–N–C 催化剂的研究主要集中在 PEMFC 上，尤其是在汽车应用中。由于 AEMFC 技术的最新进展，在碱性液体电解质和碱性燃料电池中的 M–N–C 电催化研究取得了显著进展。

本部分将重点介绍用于碱性介质中氧还原的 M–N–C 催化剂的开发，并回顾已取得的进展，评估 M–N–C 电催化剂面临的主要挑战。本部分的重点尤其放在对有关催化剂活性位点、不同的合成方法及构效关系的介绍上。

4.3.1 活性位点和催化剂结构

原子分散的 M–N–C 催化剂源自通过金属 N- 大环的高温处理获得的材料，通常添加碳作为载体。与金属纳米颗粒催化剂非常不同，M–N–C 材料含有氮配位金属原子与碳晶格中的碳原子共价键合。金属物质以原子方式分散在催化剂中。在某些情况下，还可以发现富含金属的纳米颗粒，特别是在前驱体中使用过高金属含量获得的催化剂中。金属中心通常由吡啶或吡咯氮原子配位。金属位点的独特结构使得 M–N–C 催化剂不同于杂原子掺杂的碳材料，杂原子掺杂的碳材料与金属 N- 大环有一些相似之处，例如金属卟啉。虽然许多金属，包括锰、镍、铜和 Zn 已用于合成 M–N–C 催化剂。事实上，在 MEA 测试期间提供可观的电流密度时，燃料电池电压通常低于 0.9 V，因此在汽车应用的启动和关闭过程中氧阴极出现大极化的情况并不少见。因此，研究催化剂在高氧化电位下的稳定性非常重要。1.0 V（开路电位）下 Co_3N/C 的 Co K 边缘的 X 射线吸收近边结构（XANES）类似于金属 Co 的特征并且当电势从 1.0 降低到低至 0.1 V 时保持稳定。然而，当电势从 1.0 增加到 1.6 V 时，Co K 边缘显示出显著且不可逆的向更高能量值的转变，并且 Co 平均价估计为基于线性组合分析，从约 0.8 增加到约 2.4。同时采集的原位 EXAFS 光谱清楚地证明了从 CoN 到混合相 CoO 和 CoOOH 的完全转变。那些一直表现出最高的 ORR 活性，因此吸引了最多的关注。

M–N–C 催化剂可以承载多种 MN_x 位点。虽然 x 的范围可以从 1 到 5，但 MN_4 是最常见的。金属物种，例如 Fe_3C 和 FeNP，经常在 M–N–C 催化剂中被检测到，因为 XAS、电子显微镜和 ^{57}Fe 穆斯堡尔谱（特别是在涉及 Fe–N–C 催化剂的研究中）已被广泛用于识别金属位点 M–N–C ORR 催化剂。XAS，包括 XANES 和 EXAFS，已被用于识别金属的化学状态并确定 MN_x 结构中的配位数。例如，XAS 被用于研究 Fe–N–C 的结构转变碳载铁内消旋四苯基氯化卟啉（Fe–TTP）中的位点与热处理温度的函数关系。XANES 结果表明，高于 1.2 V 阈值的氧化电位会破坏金属氮化物的结构并形成新的 Co 氧化物，这也意味着这些类型的催化剂不能用作高氧化电位下碱性 OER 的稳定电催化剂。

HAADF–STEM 与 EELS 结合被证明对于表征 M-N-C 催化剂中原子分散的金属位点特别有用。^{57}Fe 穆斯堡尔光谱特别适合研究 Fe-N-C 催化剂，因为它能够确定配位环境，以及 ^{57}Fe 中异构体位移和四极分裂中 Fe 物种的氧化和自旋态氮掺杂碳（N–C）以及类似材料已被视为碱性介质中 ORR 中 M–N–C 催化剂的无金属替代品，其中氮原子被其他物质取代或与其他物质联合使用。杂原子掺杂剂，例如 B、S、P 或 F，在 N-C 催化剂中，吡啶、吡咯、季 / 石墨或氧化（NO_x）氮取代碳晶格中的碳原子。另外，金属杂质，即使是 XPS 或 EDX 无法检测到的水平，也可以显著促进 NC 催化剂的 ORR 活性。这提出了一个挑战，因为金属通常参与碳材料的合成。例如，由氮掺杂碳纳米管组成的 N–C 催化剂就是这种情况。在此类碳纳米管的合成中，过渡金属纳米颗粒用作纳米管生长的核，成为催化剂中金属污染的来源，通常以高石墨碳壳中捕获的小金属颗粒的形式存在。即使 N–C 催化剂中存在微量的过渡金属杂质，也可以通过 M–N–C 位点的形成显著改善催化剂的 ORR 性能。

尽管存在杂质问题，但仍制备了基于氮掺杂高取向热解石墨（HOPG）的模型 N–C 催化剂，以比较酸性介质中吡啶氮中心和石墨氮中心的 ORR 活性。将 HOPG 在 NH_3 中于 700 ℃下进行热处理，得到的催化剂中富含吡啶氮，而在超高真空中于 800 ℃下退火制得的催化剂中石墨化氮含量较高。吡啶 N 原子含量为 0.63% 的 HOPG 表现出比富含石墨 N 的 HOPG 更高的 ORR 活性，尽管后者催化剂中氮原子含量更高（0.73%）。吡啶 –N 被提议作为 ORR 活性位点，其旁边的碳原子作为双氧结合位点。这项工作中没有考虑的一个方面是高温 NH_3 处理对额外活性位点形成的可能影响。在所采用的热处理条件下，氨不仅可以作为氮掺杂剂，还可以作为有效的碳蚀刻剂，能够增加催化剂的比表面积并在碳中产生潜在的 ORR 活性官能团。

虽然活性位点的识别对于理解 M–N–C 催化剂表面的 ORR 机制至关重要，但它们的量化是评估反应动力学的关键。马尔科等人开发了一种用于探测 Fe–N–C 位点的定量方法，通过吸附和还原剥离亚硝酸根阴离子进行化学处理。他们用亚硝酸钠在 pH 5.2 缓冲溶液中处理 Fe–N–C 催化剂，导致 ORR 极化曲线在 1.5 mA/cm^2 的电流密度下出现了 90 mV 的负偏移。亚硝酸根阴离子被剥离后，催化剂的 ORR 性能完全恢复。作者假设亚硝酸根阴离子特异性吸附在 FeN_4 位点上，并且它们的还原剥离在定量电化学过程中产生氨，从而可以精确确定催化剂表面活性位点的数量。根据在不同电极电位下确定的 ORR 动力学电流值计算转化频率（TOF）。这种确定 M–N–C 催化剂中金属位点的表面浓度和活性的方法虽然很有前景，但仍然需要证明金属中心的特异性，并且不影响催化剂表面上存在的众多官能团。

4.3.2 ORR 机制

Ramaswany 等人提出了 Fe-TPP/C 催化剂在碱性和酸性介质中的不同 ORR 机制，该催化剂源自与碳作为载体混合的热解铁大环。该催化剂在碱性电解质（E_{onset}= 0.95 V vs RHE）中表现出比在酸性电解质（E_{onset}= 0.80 V vs RHE）中更高的 ORR 活性，并且 H_2O_2 的生成在这两种情况下不明显，直到 0.80 V vs RHE。碱性介质中观察到的 ORR 和过氧化物形成的起始电位差异的解释是根据 $Fe-N_4$ 中的 HO_2^- 阴离子和 Fe 之间形成稳定的路易斯酸碱加合物来给出的。位点（$Fe-H_2O^-$）据称有利于碱性溶液中的 $4e^-$ 途径。在碱性介质中，圆盘电势范围在 0.6~0.7 V 之间，环电流值相对较低，这表明外层电子转移受到抑制，通常建议用于碱性溶液中的 ORR。反而，碱性介质中主要的 $4e^-$ ORR 途径涉及 $Fe-HO_2^-$ 加合物，在 FeN_4 位点替换不稳定的 OH^- 配体并吸附 O_2。

Rojas-Carbonell 等人研究了 pH 对使用模板合成方法获得的 Fe-N-C 催化剂活性的影响。高分辨率 XPS 显示催化剂表面存在各种 N 和 O 官能团：吡啶 N、石墨 N、FeN_x、吡咯 N、季铵 N、NO_x 基团以及酚基（C-OH）、内酯、吡喃酮（CO）和羧基（COOH）。根据它们各自的解离常数，所有这些基团（石墨 N 除外）应在 $pH < 2.5$ 时质子化，并在 $pH > 10.5$ 时进行去质子化。由于在 $pH < 2.5$ 时观察到 H_2O_2 产率较低，因此得出结论，在酸性介质中，Fe-N-C 催化剂上的 ORR 主要通过 $4e^-$ ORR 途径发生（PCET 机制）。当 $pH > 10$ 时，H_2O_2 产率增加，$2e^-$ ORR 途径的贡献增强。有人提出，在 pH=10 时，OH^- 会特异性吸附在 FeN_x 位点上，导致 $4e^-$ 路径的这些位点的可及性降低，增强了 $2e^-$ 机制和过氧化物形成的贡献。由于碳还可以在高 pH 值下将 O_2 还原为 H_2O_2，因此需要更多证据来证

实 OH^- 在 FeN_x 位点上的特异性吸附确实促进了外层反应机制。

虽然后两项研究为 Fe–N–C 催化剂在碱性介质中可能的 ORR 机制提供了有价值的见解，但它们严重依赖于 H_2O_2 产率。对具有严格控制的成分和能量均匀的 FeN_x 位点的 Fe–N–C 催化剂进行这项或类似的研究将有助于验证这些机制，并进一步增强对 ORR 机制作为 pH 函数的理解。

4.3.3 M-N-C 催化剂的合成和 ORR 活性

如上所述，首次观察到过渡金属 N 大环化合物的 ORR 活性，激发了各种不含 PGM 的 ORR 催化剂的开发。M–N–C 催化剂最初是通过高温处理（热解、碳化）金属 N- 大环化合物制得的与高比比表面积碳的混合物。随后，Gupta 等人发现聚丙烯腈、Fe 或 Co 盐和碳的高温处理所制备的催化剂具有与使用大环化合物作为前驱体制备的 M–N–C 材料相似的 ORR 活性。活性 M–N–C 催化剂可以由单独的碳、氮和金属前驱体合成的这一发现为发现许多源自各种化学品的 M–N–C 催化剂铺平了道路，并最终认识到 MN_x ORR 活性位点。其中，合成涉及富氮小分子、聚合物和金属配合物，以及金属盐和多种碳载体。一些使用高温方法制备的 M–N–C 催化剂表现出的 ORR 活性接近 PGM 催化剂的活性，并且性能指标接近 DOE 为 PEMFC 制定的活性目标。

开发性能更好的热处理 M–N–C 催化剂面临的最初挑战之一是需要确定 ORR 活性的来源，特别是它是否源自 MN_x 类型的原子分散位点或嵌入石墨碳壳中的富含金属的纳米颗粒。对 ORR 活性与原子分散金属位点含量之间相关性的初步观察结果认为 M–N–C 催化剂仅含有原子分散的 Fe 位点，通常源自单个前驱体或 N 大环。例如，开发了一种合成方法，将石墨 C_3N_4 和 $FeCl_3$ 与表面活性剂

F127（环氧乙烷 - 环氧丙烷的对称三嵌段共聚物，PEO–PPO–PEO）整合并高温处理，可获得单原子 Fe 催化剂（SA –Fe/NG）。虽然在未添加表面活性剂的情况下合成的催化剂中检测到了 Fe_3C 物质和石墨碳，但发现使用表面活性剂方法获得的催化剂中仅存在无定形碳。有人认为，表面活性剂有助于 Fe 离子锚定到石墨 C_3N_4 上，并在热处理过程中保持 Fe 位点的原子分散。SAFe/NG 的 HAADF-STEM 成像揭示了类石墨烯形态中原子分散的 Fe 位点，可能源自 C_3N_4 的层状结构。SA–Fe/NG 的 EXAFS 分析表明普遍存在 1.5 Å Fe–N（Fe–O）键，而不是 2.5 Å Fe–Fe 键，这也揭示了 Fe 与 N（或 O）的四重配位。^{57}Fe 穆斯堡尔谱证实 SA–Fe/NG 含有 D1、D2 和 D3 物质，并且不存在任何金属相。在 0.1 mol/L KOH 中的 RRDE 实验中，SA–Fe/NG 催化剂表现出优异的 ORR 活性（$E_{1/2}$= 0.88 V），对 $4e^-$ ORR 途径具有非常好的选择性，平均转移电子数为 3.9。Yi 等人使用 Fe– 卟啉三嗪基多孔骨架作为前驱体在 400~600 ℃ 下热处理制得了原子分散的 Fe 催化剂。首先在 $ZnCl_2$ 存在下将腈官能化的铁卟啉衍生物（Fe–TPPCN）聚合成铁卟啉三嗪骨架，然后在真空下部分碳化 40 h 形成原子分散的 Fe–N_x 物质。在该方法中，$ZnCl_2$ 不仅促进腈基三聚成三嗪环，而且还充当造孔剂。1564 cm^{-1} 处的强红外吸收带证实了三嗪环的形成以及催化剂在 600 ℃ 下的部分碳化。在 Fe–N_x 位点的 STEM 图像中仅发现原子分散的 Fe。EXAFS 显示，随着合成温度从 400 ℃ 升高到 500 ℃，再到 600 ℃，Fe–N 键从 1.59 Å 减少到 1.47 Å 再到 1.44 Å。正如根据 STEM 数据所预期的那样，没有发现可归属于 Fe–Fe 键的 EXAFS 带。Zhang 等人观察到，由于沸石咪唑酯骨架（ZIF）前驱体中的四面体 FeN_4 结构转化为 Fe 中的 FeN_4 位点，Fe–N 键长也出现了类似的减少。

4.3.4 MOF 衍生的 M-N-C 催化剂

金属有机框架（MOF）是一类具有可调组成和功能的多孔晶体材料，已成为合成 M–N–C ORR 催化剂的有前途的前驱体。MOF 由周期性桥接的金属离子和有机连接体组成，形成有序的多孔晶体。在许多可用的 MOF 中，沸石咪唑酯骨架（ZIF）因其丰富的氮含量和高体积的微孔而作为合成高活性 M–N–C 催化剂的前驱体而受到特别关注。在 ZIF 中，咪唑 - 基于配体将过渡金属原子桥接成四面体晶体，类似于沸石的拓扑结构。金属、氮和碳前驱体可以集成到有序的多孔晶体结构中，从而可以对组成和结构进行相对高水平的控制。ZIF 前驱体内部的相互作用，这在依赖氮和碳前驱体物理混合的传统合成中是不可用的。这使得 ZIF 衍生的 M–N–C 催化剂成为研究高温处理过程中 M–N–C 位点形成的有吸引力的模型系统。Zn 基 ZIF 也可以转化为氮掺杂微孔碳，而无须添加单独的碳载体。这有助于通过去除 ORR 非活性炭成分来提高催化剂的质量活性。

在一项早期研究中，Ma 等人使用钴 ZIF 通过一步热处理制备 Co–N–C 催化剂。对所得 Co–N–C 催化剂的 XAS 研究揭示了 CoN_4 位点的存在，这些位点使该催化剂在酸性介质中的 RDE 研究中 $E_{1/2}$ 为 0.68 V。该催化剂具有大量嵌入碳中的 Co 纳米颗粒和较低的 Brunauer–Emmett–Teller（BET）比表面积（305 m^2/g）。添加 Zn 作为第二种金属是防止 ZIF 衍生催化剂中金属团聚的方法之一。Zn 在高反应过程中充当 ORR 活性金属（例如 Co）原子的“分离器”。由于 Zn 具有相对较低的沸点（907 ℃），含 Zn 的 ZIF 前驱体，例如 ZIF–8，可以在 900 ℃以上的高温处理过程中转化为多孔氮掺杂碳，从而使 BET 比表面积值高达 1500 m^2/g。

在高温处理过程中可以产生不含富金属颗粒的催化剂。由此获得的原子分散的 M–N–C 材料通常倾向于保留其 ZIF 前驱体的形状和形态，表明大多数碳基 M–N–C 催化剂的形态可以通过调节 ZIF 前驱体的尺寸和形状来控制。由于活性位点的相对均匀性和对 ZIF 形态的控制，ZIF 衍生的 M–N–C 催化剂可以作为模型系统来研究金属位点的作用和 ORR 机制。由 ZIF 前驱体衍生的原子分散的 Fe 催化剂在碱性介质中表现出优异的 ORR 活性。在 Chen 等人的一项研究中，通过溶液浸渍法将 $Fe(acac)_3$ 掺入 ZIF–8 的空腔，然后在 Ar 下于 900 ℃ 下热解，从而在 Fe–N–C 催化剂中产生原子分散的 Fe 位点。该催化剂中的单个碳颗粒保留了与其 $Fe(acac)_3$@ZIF–8 前驱体相同的菱形十二面体形状。HAADF–STEM 显示 Fe 原子在催化剂中具有良好的分散性，且不存在富铁纳米粒子，这与 XANES 分析一致。这种 MOF 衍生的催化剂在 0.1 mol/L KOH 中表现出高 ORR 活性，$E_{1/2}$ 为 0.90 V，催化剂负载量为 0.41 mg/cm^2，H_2O_2 产率 $<5\%$ 。使用相同的合成方法制备了含有 Fe 纳米颗粒的 Fe–N–C 催化剂，但 Fe 含量是前驱体的 6 倍。

酸浸有助于去除大部分富铁纳米粒子，这导致 $E_{1/2}$ 增加至 0.86 V。这项研究证实，Fe–N–C 催化剂具有高 ORR 活性，是原子分散的 Fe 位点（而不是 Fe 纳米粒子）造成的。Liu 等人使用 DFT 模拟来研究 Mg、Al 和 Ca 的 ORR 活性，其灵感来自于含氧物质与酶中 Mg 辅因子的最佳亲和力。该研究的结果表明，O_2 的转化在 Mg 和 Al 位点上对 OOH* 的吸附是放热的，并且 OH* 在 Mg 位点上的吸附比在 Ca 和 Al 位点上弱，这使得 Mg 成为三种金属中最适合催化 ORR 的金属。在几种可能的配位环境中，Mg 与两个氮原子（$Mg–N_2–C$）配位会导致更高的 p 态位置，从而导致 OH* 的吸附强度接近最佳，31 mV/dec。原子分散的 Fe 催化剂也源自其他 MOF 前驱体。

虽然人们普遍认为 M–N–C 催化剂在酸性介质中的高 ORR 活性

源自 M-N-C 位点而不是金属纳米颗粒，一些纳米颗粒催化剂在碱性介质中表现出优异的 ORR 活性。Abruña 和同事结合传统的 MOF 自组装和客体策略，设计了嵌入碳纳米复合材料中的双金属有机框架（BMOF）（ZIF-67 和 ZIF-8）衍生的 Co-Fe 合金。$Co_{0.9}Fe_{0.1}$，衍生自 $BMOF\_Zn_6Co$，在 0.1 mol/L NaOH 中表现出良好的电催化 ORR 活性，$E_{1/2}$ 相对于 RHE 为 0.89 V，并且在 30 000 个 CV 循环期间表现出很强的稳定性。STEM 和 EDX 表征证实，这归因于其结构和成分的完整性。基于石墨烯骨架中原子分散的镁（Mg-N-C）是通过镁基 MOF 的热处理合成的。在 0.1 mol/L KOH 中的 RDE 测试中，使用该催化剂测得了 0.91 V 的高 $E_{1/2}$。人们发现，对 MOF 衍生的 M-N-C 催化剂进行原子级修饰对于最大限度地提高金属利用率是必要的。Li 和同事设计了一种 MOF 衍生的原子分散 Co 催化剂，其含有嵌入空心碳多面体的 Co_1-N_3PS 活性部分（Co_1-N_3PS/HC），这使其实现了 0.92 V 的 $E_{1/2}$ 和低塔菲尔斜率。MOF-in-MOF 混合体热解策略，其 $E_{1/2}$ 达到 0.88 V。通过高温处理醋酸铁、氰胺和碳制备的氮掺杂碳纳米管 / 铁纳米颗粒复合材料，表现出竹子形貌。该催化剂的 $E_{1/2}$ 为 0.93 V，H_2O_2 产率低于 2%，并且在 10 000 次循环中表现出优异的耐久性。Jiang 等人报道了 BMOF 衍生的 P 掺杂 Co-N-C 催化剂，该催化剂除了具有优异的 ORR 催化性能外，与 Pt/C 催化剂相比，它还表现出更好的稳定性和对甲醇的耐受性。

Zhuang 及其同事使用腺苷、$FeCl_3$ 和 $ZnCl_2$ 作为前驱体，溶剂热合成含 Fe-N 掺杂碳纳米管（Fe-N-C）。通过 HAADF-STEM 和原子级 EELS 确认了纳米管中原子分散的 Fe 的存在。^{57}Fe 穆斯堡尔光谱也证实了 Fe-N-C 位点的存在。这种 Fe-N-C 催化剂在 0.4 mg/cm^2 负载量下在 0.1 mol/L KOH 中的 RDE 性能与 0.08 mg Pt/cm^2 下 Pt/C 催化剂的 RDE 性能非常相似。两种情况下碳负载量相同，因此催化剂层厚度相似，产生相同的0.93 V $E_{1/2}$。10 000次循环后，Fe–N–C催化剂的 $E_{1/2}$ 仅显示出 15 mV 的损失，而使用 Pt/C 催化剂测得的损失为 40 mV。在燃料电池测试中，Fe–N–C 在阴极负载量为 4.0 mg/cm^2 时，在 60 ℃ 下实现了约 500 mW/cm^2 的 PPD。最近，来自 MOF 前驱体的原子分散的 Fe–N–C 催化剂，使用基于乙烯四氟乙烯的膜和离子聚合物实现了高 MEA 性能。经过额外的 NH_3 处理后，催化剂进一步还原 H_2O_2。Adzic 和同事建立了火山型关系，将碱性介质中单晶 PGM 的 ORR 活性与相对于费米能级的 d 带中心相关联，其中 Pt 位于峰值点。然而，传统的 d 带中心理论无法解释 Pd 与 Pt 表现出几乎相同的活性，尽管它们的 d 带中心值差异很大。为了更好地了解 Pd 在碱性介质中出色的 ORR 活性，需要进行深入的理论研究。为了进一步提高 Pd 基催化剂的 ORR 活性，人们提出了多种策略，例如与 3d 金属合金化、形成核壳结构、掺杂异质元素、电化学去合金等。Pd 与 3d 金属合金化已被指出会广泛引起 Pd 晶格收缩，削弱表面氧吸附能并使其更接近最佳值，进而增强碱性介质中的 ORR 活性。Abruña 和同事开发了一种高通量组合方法，使用磁控溅射制备了 40 种 Pd–M（M = Fe、Co、Ni 和 Cu）薄膜电极，具有良好的性能 – 结构关系，作为评估 ORR 的可行方法。

总之，M–N–C 催化剂在碱性介质中的 ORR 性能与 RDE 测试中的 Pt/C 催化剂相匹配，在某些情况下甚至超过了 Pt/C 催化剂。M–N–C 催化剂合成的进一步进展，特别是那些源自高多孔 MOF 前驱体的催化剂，应该会导致活性位点密度的增加，从而有望进一步提高 AEMFC 阴极的性能。

4.4 非 Pt PGM ORR 催化剂

尽管 Pt 族金属（PGM）（包括 Pt、Pd、Rh、Ir、Ru 和 Os）基

催化剂具有很高的本征 ORR 活性，但这些金属价格昂贵且稀缺。虽然非贵金属 ORR 催化剂在大幅降低燃料电池技术成本方面很有前景，但寻找其他 Pt 替代 PGM 候选物可以极大地多样化 ORR 催化剂的选择，特别是对于需要非常高电流的 AEMFC，而不是像 PEMFC 那样仅仅依赖 Pt 基 ORR 催化剂。本部分将重点介绍碱性介质中钯基和钌基 ORR 催化剂的最新进展，并讨论提高其催化剂活性和耐久性的几种策略。

Pd 是唯一一种在碱性介质中 ORR 活性与 Pt 相当的过渡金属，尽管其在酸性介质中的 ORR 活性要低得多。早期的单晶金属研究表明碱性介质中的 ORR 活性顺序（主要是 $4e^-$）为：Pt（111）≈ Pd（111）≫ Ag（111）< Rh（111）≫ Ir（111）< Ru（0001）。Pd（100）单晶在酸性介质中表现出比 Pd（111）更高的 ORR 活性，同样，碱性介质中，具有（100）面的 Pd 纳米立方体表现出比球形 Pd 纳米粒子高三倍的 ORR 活性的。Au（111）主要通过 $2e^-$ 过程产生过氧化物。相比之下，在碱性介质中，Au（100）在高于 –0.2 V vs SHE 的电位下对 $4e^-$ ORR 显示出高选择性，并在低于 –0.2 V vs SHE 的电位下向 $2e^-$ ORR 转变，这归因于金属表面上存在负电荷密度，抑制 HO_2^- 的进一步还原。Adzic 及其同事建立了一种火山型关系，将碱性介质中单晶 PGM 的 ORR 活性与 d 带中心相关联，相对于费米能级，Pt 位于峰值。然而，传统的 d 带中心理论无法解释 Pd 表现出与 Pt 几乎相同的活性，尽管它们在 d 带中心值上存在很大差异。需要进行深入的理论研究，以更好地理解钯在碱性介质中突出的 ORR 活性。为了进一步提高 Pd 基催化剂的 ORR 活性，人们提出了多种策略，如与 3d 金属合金化、形成核壳结构、杂原子掺杂、电化学去合金等。人们普遍认为，将 Pd 与 3d 金属合金化会导致 Pd 晶格收缩，削弱表面氧吸附能并使其接近最佳值，这反过来

又增强了碱性介质中的 ORR 活性。Abrunëa 及其同事开发了一种高通量组合方法，使用磁控溅射，制备了 40 种具有明确结构和各种成分的 Pd–M（M=Fe、Co、Ni 和 Cu）薄膜电极，作为评估 Pd 基合金在碱性介质中 ORR 活性的高通量方法。可更换圆盘电极的使用使得用标准 RDE 测量能够快速可靠地评估 ORR 活性。1∶1 比例的 PdCu 被认为是最有前途的候选者，其 ORR 活性是 Pd 薄膜的两倍。在薄膜研究的指导下，合成了以碳为载体的 PdCu 纳米颗粒，该催化剂具有有序的金属间相和 2~3 原子层的富 Pd 壳。PdCu/C 不仅在薄膜研究中验证了活性增强，而且还实现了卓越的耐久性，20 000 和 100 000 个循环后，$E_{1/2}$ 仅出现了 3 和 13 mV 负移，这相当于 20 年后质量活性分别衰减 15% 和 40%。这归因于有序金属间化合物的稳定结构以及 3d 金属在碱性介质中稳定性的普遍增强。

在较便宜的核心材料上放置单层或几个原子层的 PGM 是一种有吸引力的策略，可以显著降低 PGM 的负载，并通过改变基底的成分来微调 PGM 表面层的电子结构。常见的策略包括通过使用贵金属阳离子的可控蚀刻或 Cu 欠电位沉积（UPD）对核材料的表面层进行电镀置换。在 AuCu 金属核（Pd@AuCu）上包裹 1~2 原子层的 Pd 或 Pt 壳制成核壳型催化剂（Pd@AuCu）在碱性介质中催化 ORR，显示出的比表面活性（SA）是商业 Pd NP 的 5 倍，而 Pd@AuCu 相对于 Pt NP SA 增强了 4 倍。先前的 DFT 计算表明，相对于 Pt（111），在 AuCu（111）上放置 1.5 个单层 Pt 会导致氧吸附能减弱约 0.2 eV，接近酸中 ORR 活性火山图预测的最佳值。因此，看起来将 Pd@AuCu 的性能增强归因于 AuCu 底层引起的氧吸附能减弱是合理的。除了电置换之外，电化学去合金是另一种有意蚀刻 3d 金属并形成富 Pd 壳的有效方法。在酸性中电化学去合金后，PdNi/C 形成了 1~2 nm 的富 Pd 壳，并且在碱性介质中表现出比 Pd/C 高两倍的质量活性。少量其他元素（例如 Au、Rh）掺杂到 PGM 晶格中可提升 Pt/Pd 基合金的长期耐久性。Au 掺入有序 PdZn/C（Au：Pd = 1：40）表现出增强的耐久性，30 000 次循环后质量比活性（MA）的损失 <10%，这归因于 Au 的添加有效抑制了 Zn 的损失并在长期循环过程中保持了结构完整性。有趣的是，与 Pd 基芯材料上仅表面有 Pt 涂层相比，Au 对 PdZn/C 的电镀置换导致 Au 在整个晶格中均匀分布。

尽管 Ru 金属和氧化物被称为优异的 OER 催化剂，但其 ORR 活性较差。它们与 3d 金属的合金在碱性介质中表现出显著增强的 ORR 活性。仅含 5% Co 的合金化 Ru（$Ru_{0.95}Co_{0.05}$）在 Ru–M 合金（M = Co、Ni 和 Fe）中产生了最高的 ORR 活性，相对于 Ru，MA 和 SA 增强了 4 倍，$E_{1/2}$ 正移了 40 mV。当进一步将 Co 含量增加至 10% 和 30% 时，ORR 活性并没有增加。初步的 DFT 计算将这种活性增强归因于 d 带中心的负移，这通常对应于氧吸附能的减弱。尽管如此，与 Pt/C 相比，即使是最活跃的 $Ru_{0.95}Co_{0.05}$/C 催化剂也表现出低得多的 ORR 活性，$E_{1/2}$ 降低约 50 mV。在一项类似的研究中，双金属 Ru–M 氧化物（M = Co、Mn、Fe、Ni 和 V）的形成显示出 ORR 的活性显著增强。尽管 RuO_2 的 ORR 活性较差，但金红石相 $Ru_{0.7}Co_{0.3}O_2$ 和 $Ru_{0.85}Mn_{0.15}O_2$ 显示出明显增强的 ORR 活性，与 RHE 相比，$E_{1/2}$ 为 0.86 V，与 Pt/C 相比仅相差 20 mV，并且在碱性介质中的选择性接近 $4e^-$ 过程。DFT 计算将 Co 和 Mn 掺杂 RuO_2 的优越性能与其最佳氧吸附强度（即弱于 RuO_2 但强于 Fe 或 Ni 掺杂 RuO_2）相关联。相对于纯 MnO_2 和 Co_3O_4，M 掺杂 RuO_2 中 Mn 或 Co 上的氧吸附能也减弱。随后提出了一种可能的协同机制：ORR 主要发生在 Mn 或 Co 位点，而 Ru 位点降低了 Mn 或 Co 位点上的氧吸附能，同时有效增强了半导体 MnO_2 和 Co_3O_4 纳米颗粒的整体电导率。除了钌基催化剂外，银基材料在碱性介质中的 RDE 和 MEA 测量中也表现出了有前景的 ORR 活性。实际上，第一个采用 Ag 阴极和 Ni–Cr 阳极的 AEMFC 于 2008 年报道。由于其价格比 Ru 和 Pt 低得多，因此可以采用高负载量的 Ag/C（约 1 mg/cm^2）在阴极上实现与 Pt/C 相当的 MEA 性能。然而，根据相图，与除固体之外的大多数金属形成稳定的单相银基合金本质上是具有挑战性的。初步 RDE 结果显示 Pd–Ag 合金相对于 Ag 具有更高的活性，这可能主要是由于 Pd 的活性非常高，而不是 Ag。另一种避免 Pd–Ag 合金溶解度差的方法是将 Ag 与其他金属形成 Ag– 金属氧化物杂化催化剂。相对于 Ag/C，Ag–Co_3O_4/C 混合催化剂表现出大大增强的 ORR 活性。XPS 研究表明 Co_3O_4 还原为 $Co(OH)_2$ 由 Ag NP 的存在诱导，而在纯 Co_3O_4 中未观察到。然而，Ag NP 和 Co_3O_4 NP 之间的化学相互作用仍然难以确定，需要进行原位光谱研究。

4.5 催化剂稳定性

为了实现现实的 AEMFC，ORR 电催化剂不仅需要实现较高的初始活性，而且还需要表现出长期的耐久性。对 PEMFC 的广泛研究已经考察了与性能退化相关的 Pt 基合金催化剂的结构变化，例如 Pt 纳米颗粒聚集、奥斯特瓦尔德熟化、颗粒分离、3d 金属浸出、碳载体的腐蚀等。那些结构变化通常会导致活性位点（Pt 和 / 或 3d 金属）的损失以及电化学比表面积（ECSA）的减少，从而导致 SA 和 / 或 MA 变小。催化剂耐久性通常通过 RDE 和 MEA 测量的加速耐久性测试（ADT）协议进行评估。DOE 推荐的一种 RDE 协议是在 O_2 饱和电解质中，100 mV/s 下相对于 RHE 0.6~1.0 V 之间的三角电位进行循环。许多 ORR 催化剂表现出良好的耐用性，在 10 000 次或更多次循环后活性衰减最小。虽然此类初步 RDE 测试有助于确定哪些催化剂在短时 ADT 测试后无法存活，但它们不一定且常常无法预测 MEA 测量中相当长时间的稳定运行。MEA 中的催化剂耐久性主要可以通过三种不同的模式进行：恒定电压、恒定电流密度或梯形波循环以模拟汽车运行条件。DOE 推荐的 PEMFC 中的一种 MEA 协议是在 80 ℃、100% 湿度和环境压力下，在 0.6~0.95 V 之间的梯形电压进行循环

根据 Pourbaix 曲线，由于 3d 金属的金属氧化物或氢氧化物的溶解度极小，因此在酸中常见的 3d 金属浸出问题可以在碱中得到有效抑制。然而，在 RDE 测量中的 ADT 测试后，ORR 催化剂在碱性介质中的结构变化仍然被广泛报道。例如，碳负载的 Mn–Co 尖晶石在 1 mol/L KOH 中循环 10 000 次后表现出温和的金属溶解和颗粒聚集。目前，正在积极研究钙钛矿在低还原电位下和氮化物在高氧化电位下的稳定性。这种结构或成分的变化可以通过 TEM、EDX、XPS、ICP–MS 和拉曼等技术进行，并将有助于了解催化剂的降解机制和更耐用的电催化剂的设计。此外，探索如何增强催化剂纳米颗粒与催化剂载体之间的化学相互作用，以更好地稳定载体上的纳米颗粒至关重要。碳载体因其优异的电子导电性、具有巨大比表面积的高孔隙结构、化学惰性和低成本而被广泛使用。然而，碳腐蚀常常导致催化剂纳米颗粒的分离和聚集，导致性能快速下降。

总体而言，根据初步 RDE 测量，各种非贵金属和非 Pt 贵金属催化剂表现出出色的 ORR 活性。然而，这些高活性 ORR 电催化剂是否能够在实际 MEA 测试中表现出类似的增强效果仍然是一个悬而未决的问题。我们鼓励燃料电池界采用 MEA 测量，即使在催化剂开发的早期阶段，也能在实际燃料电池条件下进行评估。

第五章 电催化剂载体

燃料电池的一个重要组成部分是显著影响其电化学性能、生命周期和耐久性的催化剂载体材料。一般来说，载体提供了金属催化剂颗粒沉积的表面，并且可以在燃料电化学中相互关联的催化和传质过程中发挥协同作用。

虽然催化剂载体在多相催化中普遍存在，但燃料电池电催化剂载体的选择更加有限并且涉及更多的限制。在燃料电池中，电化学半电池反应发生在固体催化剂、聚合物电解质和气态反应物之间的三相界面 / 边界。反应物通常是小分子（例如氢气和氧气），以气相（通常是湿化的）引入电池并通过气体扩散电极（GDE）传输。由于三相催化界面连接到燃料电池的电路，因此电催化剂载体的基本要求是高电子传导性。此外，载体还必须具有高比表面积，以实现所需的催化剂金属分散、促进气体流动的孔隙率、在燃料电池工作条件下具有良好的化学和物理稳定性。

本章将描述碱性燃料电池载体的主要类别。第一部分重点关注碳催化剂载体，它在 PEMFC、AEMFC 和其他碱性电化学系统中有着悠久的应用历史。本部分回顾了各种各样的碳材料，重点关注可能影响其性能的参数，特别是在碱性介质中。第二部分描述了在 PEMFC 和碱性燃料电池应用中研究的导电非碳载体。

5.1 碳催化剂载体

电化学电池中碳用于发电的历史可以追溯到 19 世纪，当时 Humphrey Davy 使用石墨作为弧光灯的电极，而 William Jacques 则展示了他的碳电池。关于使用碳作为燃料电池成分的第一份报告是在 1937 年，当时 Baur 和 Preis 使用焦炭作为阳极。然而，在 20 世纪 50 年代，Kordesch 和 Marco 首次使用氧去极化碳作为碳 / 氢氧化钾 / 锌电池的电极，为使用疏水性多孔碳作为碱性介质中的催化剂载体铺平了道路。在同一时期，确定了决定碳载体在操作过程中性能的参数，包括气体传输、电解质效应、电阻和催化剂在碳表面上的化学吸附。

多孔碳材料由于其形态和性能满足上述电催化剂载体的先决条件，因此继续被广泛使用。更具体地说，高比表面积和孔隙率等结构特性，再加上导电性和活性位点等特性，证明了它们的选择是合理的，而相对于其他载体材料，它们的电化学稳定性和低成本使其非常受欢迎。

5.1.1 碳材料的结构和性能

炭黑（CB）是燃料电池应用中最常用的材料，源自重质石油产品的不完全燃烧。通常，CB 具有准晶结构，由各种尺寸的碳颗粒组成，形成一定范围的石墨层。比表面积值从约 230 m^2/g 开始，最高可达约 1600 m^2/g，具体取决于其来源。关于孔隙率，CB 通常具有高体积百分比（约 50%）的微孔（孔径 <2 nm）。在使用之前，CB 会经过进一步处理，以去除杂质并获得更多活性催化位点。活化过程通过氧化或高温（约 1100 ℃）热处理进行，产生具有更高结晶度和比表面积的活性炭。Vulcan XC 72 是 PEMFC 文献中使用

最广泛的炭黑，电导率约为 4.0 S/cm，比表面积约为 230~250 m^2/g。

随着新型碳同素异形体的出现，人们对各种材料的电化学性能及其作为催化剂载体的潜力进行了研究。碳纳米管（CNT）是最常研究的材料之一，主要是由于其高比表面积。碳纳米管通常是通过碳氢化合物化学气相沉积（CVD）合成的，由管状结构中的六方石墨层组成。根据同心卷绕的层数，它们被区分为单壁碳纳米管（SWCNT）或多壁碳纳米管（MWCNT）。碳纳米管的外径范围为 10~50 nm，而内径为 3~15 nm。它们的典型长度为 10~50 μm，单壁纳米管的 BET 比表面积范围为 400~900 m^2/g，多壁纳米管的 BET 比表面积范围为 200~400 m^2/g。虽然单壁碳纳米管是微孔的，但多壁碳纳米管具有两种类型的孔隙率：一部分直径为 3~6 nm 的小孔和一部分直径为 20~40 nm 的大孔。CNT 的电导率取决于包裹层的石墨化程度。

碳纳米纤维（CNF）是由石墨层组成的不完美的圆柱形 / 管状结构，源自聚丙烯腈（PAN）等有机聚合物或甲烷等含碳气体的分解。尽管其比表面积为 90~210 m^2/g，并未超过 CNT，但其杂质含量非常低、微孔含量极低（1%），高导电性和耐腐蚀性被认为是其应用于燃料电池的有利特性。

与 CNT 和 CNF 一样，2D 石墨烯也表现出有前景的特性，这使得其作为催化剂载体进行电催化评估。在这些特性中，对燃料电池应用最有利的是其高理论比表面积（约 2630 m^2/g）及高导电性和导热性。碳纳米点（CND）、纳米角（CNH）和纳米线圈（CNC）也作为催化剂载体被进行了研究。就 CND 而言，除了其合成容易和生产成本低之外，它们的小尺寸（10 nm）提供了适合金属纳米颗粒分散的高比表面积，同时考虑到它们的高氧含量（约 10%）是有利的，因为在沉积金属催化剂之前不需要进一步功能化。相比之下，半导体碳纳米角（CNH）由石墨烯喇叭形聚集体组成，直径为 2~5 nm，长度为 40~50 nm 还表现出高比表面积，可达 1025 m^2/g。最后，CNC，一类 CNF，具有螺旋形状、微孔含量低和高电导率已被选择为 DMFC 和 PEMFC 中催化纳米颗粒的载体，表现出良好的性能。

催化剂载体的基本先决条件之一是高比表面积，有利于促进催化剂纳米粒子的均匀分散。与常用的炭黑（如 Vulcan）相比，碳纳米管具有明显更高的比表面积，可以承载更高的催化剂纳米颗粒。碳纳米管的外表面和内表面均具有高达 200 nm 的大直径，可用于电催化纳米粒子的沉积。同样，当石墨烯基材料用作载体时，其结构和形貌会影响催化剂利用率。例如，它们的平面结构可以促进边缘平面与催化纳米粒子的相互作用。然而，石墨烯由于范德华相互作用，有团聚的倾向，导致表面催化位点被堵塞，从而抑制电催化活性。孔隙率是影响催化剂载体有效性的另一个参数，因为孔的大小决定了嵌入催化剂与电解质的可及性，并影响反应物的传质和催化纳米颗粒在载体上分布的均匀性。

一般来说，大孔和中孔的存在使得气体更容易流动并且电解质更容易到达电催化活性位点。为了实现反应物的充分传输，使用允许通过硬模板方法创建大孔 – 中孔通道的合成程序，从而产生有序的多孔结构。获得所需结构的最常见方法是通过纳米造孔，通常通过使用填充含碳材料的二氧化硅硬模板来实现。煅烧后，除去模板，留下有序的石墨网络。作为替代方案，载体的合成可以使用包括聚合物表面活性剂的软模板前驱体。由于大孔和中孔的存在，这两种方法合成的载体可以更好地分散催化剂纳米粒子，从而增强催化性能。然而，碳材料的水热合成，例如还原氧化石墨烯，可以在不使用任何模板的情况下产生 3D 分层形态。另一方面，微孔能够容纳高密度的金属活性位点，但如果气体流动不力或者电解质不能渗透微孔，它们的存在通常会导致用作催化剂的纳米粒子失活。更具体地说，已经发现，对于由大量小于 1~2 nm 的微孔组成的 CB，气体燃料向催化剂表面的供应不顺畅或均匀，并且电解质不易进入孔道导致缠结的非活性催化剂纳米颗粒和较少数量的三相边界活性位点。

值得注意的是孔隙率和电导率之间存在反比关系，因为载体孔隙率的增加会导致电导率降低，例如在掺杂多孔 CNF 和 CNT 的研究中。缺陷也是一个至关重要的因素。在碳材料中，研究表明，具有不成对电子或羰基的边缘和晶格缺陷会产生活性位点，增强电催化剂表面发生的电催化反应，同时它们可以诱导亲水性。人们可以解释碳纳米管的高活性，其中边缘位点促进催化剂纳米粒子锚定。同样，石墨烯边缘的反应性比位于本体中的原子高 2 倍，促进更快的电子转移。此外，据报道，其他拓扑缺陷，例如 Stone Wales 缺陷，可以通过降低最高占据分子轨道和最低未占据分子轨道（HOMO 和 LUMO）之间的能隙来增强 ORR。此外，据报道，某些碳结构，例如碳纳米笼，会增加拓扑缺陷，如孔或破碎的边缘，导致更高的 ORR 活性。

碳载体颗粒的横向尺寸也被认为对电化学性能有明显影响。对 N 掺杂石墨烯量子点的研究表明，较大的颗粒尺寸会提高 ORR 活性，但没有提供对尺寸依赖性的清晰解释。一个不太为人所知但很重要的影响碳载体催化性能的因素是杂质的存在，例如合成过程中残留的痕量金属。即使此类物质的含量非常低，即使处于不可检测的水平，它们也往往会产生深远的影响并促进 ORR 的电催化活性，正如之前在无金属 NC 和 M–N–C 的比较中所讨论的那样催化剂。

即使不同的碳材料具有不同的结构特征和性能，比较它们作为燃料电池负载体的适用性也不是一件简单的任务。例如，碳纳米管因其高结晶度、导电性、比表面积以及边缘位点的锚定效应而成为有前途的催化剂载体。它们的一维性质可能导致形成高效离子的长程有序通道。此外，Shao 等人报道称，相对于双壁和多壁 CNT，SWCNT 具有较高的比表面积，有利于 Pt NP 更好地分散。

一般来说，碳载体比较具有挑战性，因为必须考虑各种参数。除了孔隙率、比表面积、结晶度和电导率等初始结构特征外，还需要考虑生产成本和制备复杂性等其他限制。在催化剂利用率方面，比表面积是一个关键因素，CNT 和石墨烯超过了大多数 CB，碳纳米角也对 H_2O_2 的 ORR 显示出有希望的结果，而 CNT 比大多数商业碳载体（例如 Vulcan、Ketjen Black 和石墨烯纳米片）贵得多。

5.1.2　碳载体的表面反应和腐蚀

影响催化剂载体性能的另一个关键参数是它们在燃料电池运行过程中的稳定性。一般来说，质子交换膜燃料电池只允许使用含有少量 3d 金属的 Pt 基催化剂，而碱性燃料电池可以使用成本低得多的 3d 金属和氧化物。此外，贵金属和非贵金属催化剂和载体在碱性介质中通常也表现出比在酸性介质中更高的稳定性。然而，值得一提的是，一些研究似乎与这一趋势相矛盾。例如，Chatenet 报道，Vulcan 碳负载的 Pt NPs 在碱性介质中的 ECSA 损失比在酸性介质中高 3 倍。这是由于载体化学性质的变化导致 Pt NPs 的聚集和分离，从而导致与 Pt NPs 的相互作用减弱所造成的。在水性电解质中测得的这种稳定性差异是否可以转化为 MEA 测量值仍有待进一步研究。

值得注意的是，尽管最近做出了努力，但相对于酸性介质中碳载体稳定性的研究较少。关于碳载体的最关键的反应是燃料电池运行期间伴随 ORR 的碳腐蚀，这会危及电催化剂的效率。碳腐蚀是一种主要的降解机制，不仅影响负载结构，例如孔隙率以及反应物的传输，而且还会引起催化剂纳米颗粒的分离或团聚。

ORR 过程中产生的过氧化物可与碳表面反应形成碳氧基团，导致初始疏水性降低并形成更多缺陷，并可能形成 CO_2 或 CO，从而使内部碳原子受到进一步腐蚀。Tomantschger 等人提出，碱性介质中 ORR 过程中的碳腐蚀可能会导致润湿性增加，从而导致内部溢流并降低用于气体传输的可用孔隙密度。他们提出，对载体表面的进一步改性（例如热活化或氟化）可以增强对腐蚀的耐受性，从而提高电催化剂的稳定性。同样，Lafforgue 等人报道称，Pt 和 Pd 等金属催化剂在碱性介质中会发生广泛的脱离，并通过形成 CO 来局部催化碳载体的腐蚀，这会毒化 Pt 催化剂，然后在高电势下毒化 CO_2，它可以与 OH^-结合并形成碳酸盐。碳酸盐的形成还受到催化剂负载量的影响。在对 Vulcan 负载的 Pt NP 的研究中，发现在高 Pt 负载量下，碳酸盐的形成发生在相对于 RHE 0.5 V 以上，而对于较低负载量，相应的值高于 0.8 V，这表明 Pt 对碳腐蚀有催化作用。

正如预期的那样，载体的化学性质在腐蚀和降解过程中起着关键作用。例如，当负载在不同的碳材料上时，催化剂纳米粒子遵循不同的降解机制。特别是，当 Pd NP 负载在 Vulcan XC-72R 上时，其降解主要归因于颗粒脱离，而在石墨烯纳米片的情况下，其降解是由分离的 NP 的溶解和再沉积以及团聚物的聚集引起的。碳载体的结构也会影响稳定性。例如，Vulcan 碳的腐蚀会导致催化剂崩溃，而就 CNF 而言，即使是严重的碳腐蚀，这种腐蚀也会受到抑制。该结果归因于 CNF 的一维连续形状和大直径。最近，Muller 和同事在 MEA 的耐久性测试中检测了负载在不同孔隙率碳上的 Pt 和 Pt-Co 催化剂，结果表明：尽管不同的碳载体导致 Pt 溶解速率相似，但高比表面积 Ketjen Black 表现出比 Vulcan 碳更好的 ECSA 保留能力。

5.1.3　碳载体的功能化

碳载体的功能化产生含氧基团，例如羧酸和酮，主要通过酸处理（例如 HNO_3 或 H_2SO_4）来完成。通常需要这种处理，以便通过生成催化剂的锚定位点来转化碳的非活性表面。尽管有必要进行功能化，但它可能会产生不良的副作用，包括在晶格中产生缺陷，甚至改变比表面积。McBreen 及其同事在使用四种商业 CB 作为磷酸燃料电池的铂载体的研究中报告说，已经过去了近 40 年，催化剂的性能仍然受载体的表面化学，特别是疏水性和内部孔隙率的影响。

最近，Kim 等人提出了一项专注于 CB 载体的氧官能化及对其活性和稳定性的影响的研究。该研究描述了使用商业 Vulcan XC-72R 在碳催化剂上开发 Pt，并将其与相应的轻度氧官能化的产物进行比较。正如预期的那样，相对于未功能化的载体，氧功能化的载体表现出更高的 ECSA 和更高的 ORR 活性。然而，功能化载体稳定性较差，这是由于官能团触发 Pt 颗粒的氧化，导致 NP 溶解并导致其催化活性下降。与 CB 类似，CNT 的官能化通常通过严酷的氧化方法进行，导致在最初的惰性表面上产生官能团，包括 -OH 和 -COOH，它们可以作为催化金属纳米粒子的锚定位点。

尽管功能化对于催化剂的利用很重要，但它会对电催化剂的 ECSA 产生负面影响。Molina 等人研究了不同的碳材料，特别是商业炭黑、氧化石墨烯（GO）和多壁碳纳米管。所有载体都具有相似的 Pt 催化剂负载量，但 TEM 显示每种载体的 Pt 电催化剂的分布和粒径都不同。CB 上的 Pt NP 表现出非常好的均匀性，粒径范围为 3~4 nm。MWCNT 上的 Pt 保持了较高的均匀性，但 Pt 颗粒的平均直径增加到 4.5 nm，其中一些大颗粒达到 7 nm，而 GO 上的 Pt 平均直径为 3.8 nm。GO 和还原 GO 载体上 Pt 的 ECSA 分别为 1.8

和 3.5 m^2/g，远低于 Pt/CB 和 Pt/MWCNT 的 ECSA（分别为 20.6 和 15.3 m^2/g）。这些结果归因于 GO 和 rGO 中氧含量较高。Pt/rGO 表现出比 Pt/GO 稍好的性能，因为其边缘的羰基和羧基物质含量较低，这阻碍了 ORR。

5.2 碳负载金属电催化剂

Pt 和 Pt 基合金由于其优异的活性和稳定性，是 PEMFC 和 AEMFC 中使用最广泛的催化剂。CB 是最早的 Pt 碳载体之一，其最初使用可以追溯到 20 世纪 70 年代。事实上，当时建立的沉积方法，例如 Jalan 和 Bushnell 为减少燃料电池运行期间 Pt 迁移而获得专利的方法，至今仍在沿用。然而，由于和碳纳米管相比，CB 存在腐蚀、电化学不稳定性以及催化剂利用率低等问题，研究最近转向了其他碳材料。利用碳纳米管的上述特性，大量研究报道了它们在质子交换膜燃料电池中负载铂或钯合金的用途和 AEMFC。Pt NP 可以通过各种方法沉积在碳纳米管上，包括气相沉积、电沉积或通过金属盐的还原。例如，Shao-Horn 和同事报道，31 wt% Pt/MWNT 催化剂的 ORR MA 在 0.9 V（vs RHE）下为 0.48 A/mg_{Pt}，比商用碳载体上的 46 wt% Pt 高 3 倍。类似地，Minett 报道了使用微波还原技术生产 Pt/MWNT，其作为氧阴极（0.1 mg_{Pt}/cm^2），以及 Pt/C 阳极（0.2 mg_{Pt}/cm^2），在 PEMFC 中实现 0.81 g_{Pt}/kW 的比质量功率。

尽管石墨烯因其具有石墨的性质而被认为是抗碳腐蚀的理想材料，但横向尺寸和层数等其他变量可能会使其作为载体的评估变得复杂。此外，鉴于其缺乏含氧基团，其表面的功能化是实现锚定催化纳米粒子高度分散的先决步骤。另一方面，此类基团的形成会导致缺陷并降低碳载体的电导率。为了应对这一挑战，Huang 和同事使用软化学方法氧化石墨烯纳米片（GNP）。该材料保留了石墨烯的固有结构，骨架缺陷密度显著降低。为了增强 Pt 基合金和碳载体之间的相互作用，Abruña 和同事开发了金属有机骨架（MOF）衍生的 Co-N-C，其 BET 比表面积超过 1000 m^2/g，作为 ORR 的 Pt-Co 电催化剂的碳载体。原子分散的 Co-N-C 可以作为锚定位点，通过 Co-N 共价键将 Pt-Co 纳米颗粒稳定在碳载体上。Pt-Co/Co-N-C 混合电催化剂在 0.9 V vs RHE 下的初始 ORR MA 为 0.46 $mA/\mu g_{Pt}$，超过 DOE2020 目标（0.44 $mA/\mu g_{Pt}$），并且在 80 000 次潜在循环后活性损失极小。

为了直接可视化 Pt NP 在多孔碳载体上的分布，最近采用低温 STEM 3D 断层扫描来研究 Pt 纳米颗粒在 Vulcan 和高比表面积 KB 碳（HSC）的外部和内部铂负载量的分布。重建 3D 模型清楚地识别了内部 Pt NP 和外部 Pt NP。具有不同负载的实心碳和空心碳负载的 Pt NP 的 3D 分段断层扫描，是从所示的传统横截面 STEM 图像中获得的。这能够确定纳米颗粒催化剂的形态、内部孔区域结构和孔可达性之间的相关性。很明显，Vulcan 的外部 Pt 占主导地位，而大部分 Pt 嵌入 HSC KB 的孔隙内部，特别是对于 Pt 负载量为 50 wt% 的催化剂。结合自动定量分析，3D 断层扫描可以计算比表面积和内部 Pt 分数，这与电化学结果一致。MEA 操作期间不同相对湿度（RH）下的 Pt 利用率进一步表明，在 100% RH 的液体中，基本上所有 Pt NP 都可以接触到质子，而在 RH<50% 时，只有外部 Pt NP 有助于表面催化反应，因为窄孔阻止了离子交联聚合物的渗透，而离子交联聚合物对于质子在 PEMFC 中的运输来说至关重要。

在 Pt 催化剂的替代品中，Pd 在碱性介质中显示出与 Pt 相当的 ORR 活性，尽管其在酸性介质中的 ORR 活性要低得多。Pd 显示出比 Pt 更高的稳定性，特别是在直接乙醇燃料电池中。正如预期的那样，碳的类型及其结构特性对 Pd 的活性有很大影响。Cheng 等人报道，碳纳米管负载的钯纳米粒子表现出约 6 nm 的均匀粒径分布，小于活性炭纤维上的粒径分布（7~12 nm），这导致 Pd/CNTs 的活性增强朝向乙醇氧化。类似的研究表明，SWCNT 载体暴露出比 MWCNT 更大的 Pd 比表面积，从而增强了乙醇氧化活性。与 Pd 类似，当 Au NP 负载在碳载体上时，形成的催化剂在碱性介质中表现出改善的 ORR 活性。当尺寸小于 5 nm 的 Au NP 负载在 CNT 的边缘和顶点时，Au/CNT 表现出与碱性介质中 ORR 的 Pt 基电催化剂相似的起始电位和半波电位。同样，富含羟基和羧基的 rGO 已被用作固定 Ag 的载体纳米颗粒（<10 nm），负载量高达 60 wt%。相对于商业 Ag/C，Ag/rGO 显示出更高的 ECSA 和增强的 ORR 活性。

开发更便宜的催化剂体系的另一种方法是在碱性介质中使用非贵重过渡金属。功能化碳纳米管负载的 MnO_x 和 CoO_x 在碱性介质中也表现出 $4e^-$ ORR 活性。最近，Abruña 和同事报道，与在 Vulcan XC-72 上生长的 $MnCo_2O_4$ 尖晶石颗粒相比，在 KB 上生长的 $MnCo_2O_4$ 尖晶石颗粒表现出更高的 ORR 活性和增强的物质传输，这得益于 KB 更高的比表面积。据报道，相对于商业 Pd/C，MWCNT 上的 Pd/MnO_2 混合催化剂对甲醇氧化反应的活性提高了 2 倍，这归因于 MnO_2 提供了许多成核位点，防止了 Pd 的聚集 NPs。关于其他金属氧化物，Hu 详细描述了氧化铁 GO 催化剂的 ORR 行为，显示出它们在碱性溶液中增强的活性和稳定性。

5.3 杂原子掺杂碳载体

降低电催化剂成本的另一个主要策略是使用不含金属的载体，更具体地说是使用杂原子掺杂的碳结构。人们普遍认为，掺杂会导致电子调制和碳骨架中的缺陷改变电催化剂的电子结构。因此，N、B、S 或 P 等元素的掺杂效应在包括燃料电池应用在内的许多催化系统中引起了高度关注。有大量报告表明，与 Pt 负载体系相比，杂原子掺杂碳载体表现出相似甚至增强的催化活性。然而，掺杂的效果取决于许多因素，例如功能边缘位点或拓扑缺陷。一般来说，掺杂是在碳载体合成过程中原位进行的，或者通过使用含有掺杂剂的合适前驱体进行后处理，诸如热处理和碳化、化学气相沉积、水热法等。

5.3.1　氮掺杂碳载体

最常见的杂原子掺杂剂是氮。普遍认为，氮掺杂剂将电子提供给碳中的 π 轨道，然后电子可以转移到 O_2 的 π* 轨道，促进氧键的分裂并增加 ORR 动力学。Dai 和同事报告说，在轻度还原的 GO（rmGO）上负载的 Co_3O_4 NPs（4~8 nm）表现出氧的 $4e^-$ 还原，与 RHE 相比，$E_{1/2}$ 约为 0.83 V，接近 Pt/C 在碱性介质中的活性。rmGO 中的 N 掺杂显著增加了 ORR 活性并降低了过氧化物的形成。这归因于小粒径 Co_3O_4 NP 和 N 掺杂 rmGO 之间通过可能的 Co–O–C 或 Co–N–C 键发生密切的相互作用。他们后来报道了 N 掺杂 rmGO 对碱性介质中 $MnCo_2O_4$ 的 ORR 具有类似的促进作用。为了研究 N 掺杂水平的影响，Sheng 等人通过在不同温度下将与三聚氰胺混合的 GO 退火合成了氮掺杂石墨烯。他们发现氮的构型而不是氮的含量是影响 ORR 活性的主要因素。他们报道说，吡啶氮作为基于 XPS 的主要氮物种，负责 ORR 性能的提升。同样，CNT 和 CNH 上的 N 掺杂也表现出良好的 ORR 活性。

为了探索不同氮物种的影响，Lai 等人通过使用各种不通氮源和选择一系列不同退火温度在石墨烯掺杂过程中产生不同的氮物种。他们提出吡啶氮将 $2e^-$ 机制改变为 $4e^-$ 途径并提高了起始潜力，而石墨氮决定了电流密度。相反，在后来的一项研究中，据报道，孤立的吡啶或石墨氮物质可以提高掺杂碳的活性，但当这些物质相互作用时，电子供给不受青睐，从而降低了 ORR 活性。为了解释这些有些矛盾的结果，必须考虑到，尽管人们普遍认为石墨氮和吡啶氮都是 ORR 活性位点，但氮构型的识别和定量主要基于 XPS 分析。不同的 XPS 峰拟合方法可能会导致对氮光谱的不同解释。

5.3.2 其他杂原子掺杂的碳载体

与氮一样，硫也被认为是一种可能的杂原子，可以将其掺杂到碳载体中以促进 ORR。当硫并入碳晶格时，硫具有与碳非常相似的电负性，并且可以诱导相邻碳原子电荷的应变和应力调节变化。例如，Li 等人证明，硫掺杂的碳纳米管由于掺杂过程中形成噻吩而表现出在碱性介质中的 $4e^-$ 过程和大幅提升的 ORR 活性。类似地，由于电荷密度的变化，P- 掺杂的 MWCNT 将 ORR 中的电子转移数从 2 增加到 3。P- 掺杂的石墨层催化剂也表现出改善的 ORR 活性。最近，Sun 和同事报告说，将 P 引入商业 Pt/C（P_{NS}-Pt/C）的近表面，在 RDE 测量中显示 ORR 活性增加了 7 倍。H_2- 空气 PEMFC 中 P_{NS}-Pt/C 的进一步 MEA 测试实现了 1.06 W/cm^2 的更高 PPD，其中 Pt 负载量为 0.15 mg/cm^2。相对于 Pt/C，电流加倍，0.60 V 时电流密度达到 1.54 A/cm^2。他们把这种性能增强归因于 P 掺杂诱导 Pt 表面变形，从而形成凹形 Pt 位点，并具有 ORR 的最佳 OH 结合能。P_{NS}-Pt/C 的原位 FTIR 显示出较弱的 CO 化学吸附能，这通常对应于 Pt 基电催化剂更快的 ORR 动力学。值得注意的是，$NiSO_4$ 通过形成 NiP 来促进 $NaH_2PO_2 \cdot H_2O$ 的分解，有利于 P 的掺杂，从而导致 P/Pt 原子比约 19%，且 Ni 含量低于 1%。尽管作者声称如此低的 Ni 含量不会像传统 PtNi 合金那样引起晶格收缩，但 Pt 表面上低的 Ni 覆盖率可能有助于 ORR 的增强。

最后，当碳掺杂硼时，由于 sp^2 晶格中硼原子的取代，碳原子的电荷中性被调节。掺杂通常通过硼前驱体（例如硼酸）的热解来完成。一般来说，硼的量与催化活性之间存在正相关关系。此外，热解温度显著影响电化学性能，因为它决定了活性位点 B–C 的形成，从而促进碱性条件下的 ORR。

5.4　非碳电催化剂载体

非碳电催化剂载体比碳载体具有许多潜在优势，尽管它们也面临重大挑战。除缺陷和边缘位点外，石墨碳载体往往与极性金属催化剂纳米粒子相互作用较弱。非碳载体，包括金属氧化物、氮化物、硫族化物和碳化物，可以通过共价键或极性非共价力与金属发生更强烈的相互作用。非碳载体也可以提供增强的催化剂，通过消除导致催化剂降解的碳腐蚀来保持稳定性，但它们通常无法获得碳载体的非常高的比表面积或电导率。随着碳载体腐蚀，催化剂颗粒分离并聚结，活性降低并损害燃料电池性能。

金属氧化物载体广泛用于多相催化，因为它们可以通过与催化剂纳米粒子的强共价和极性相互作用来赋予催化剂稳定性。催化剂 – 载体界面键合可抑制催化剂熟化和团聚，在某些情况下，还可以通过改善催化剂分散度来提高活性。氧化物载体还可以发挥协同效应，包括纳米颗粒封装、参与双功能反应机制、溢出效应、晶格应变和分子轨道混合。具有未填充 d 轨道的前过渡金属氧化物与富含 d 电子的后过渡金属强烈相互作用可提高催化活性。尽管有这些优点，大多数金属氧化物都是电子绝缘的，即使有意掺杂其他金属也可能不足以影响它们用作碱性燃料电池中的催化剂载体的导电性。 相比之下，许多金属氮化物和碳化物是良好的电导体，同时在催化剂稳定方面具有与前过渡金属氧化物相同的优势。

除了金属与载体相互作用的电导率和稳定作用之外，催化剂的形态、孔隙率、比表面积和分散程度也是需要优化的重要特征。本部分描述了非碳电催化剂载体的相关研究，按成分分组，并强调了每种载体的优点和缺点以及如何改进它们的想法。接下来，将特别关注非碳载体、它们在 PEMFC 中的使用历史以及在 AEMFC 中的潜在应用。

5.4.1　金属氧化物催化剂载体

最常研究的金属氧化物电催化剂载体是 TiO_2，它具有高比表面积和可调节的导电性，已成功用作非均相催化剂载体及光催化反应中。TiO_2 的金属－载体相互作用已得到很好的表征，但它是一种宽带隙半导体（3.0 eV），因此在未掺杂形式下是一种非常差的电子导体。Huang 等人研究了介孔 TiO_2 薄膜上的 Pt 纳米粒子用于酸性 ORR，发现它们比 Pt/C 更具活性，并且比无负载的 Pt 粒子更稳定。Pt/TiO_2 实现了更高的 PPD（0.95 W/cm^2）高于 Pt/C（0.8 W/cm^2）。他们在 0 恒定电流密度下测量了 ECSA 作为时间的函数。5 A/cm^2 时，发现 Pt/TiO_2 的活性比表面积下降速度比 Pt/C 慢 3/4。他们推测 ECSA 的保留导致老化后 Pt/TiO_2 的活性更高。多项研究证实二氧化钛负载的 Pt 催化剂比 Pt/C 更稳定。值得注意的是，其他作者在 TiO_2 作为电催化剂载体时报告了相互矛盾的结果，他们将其归因于二氧化钛的较低电导率。通过引入氧空位或其他阳离子（例如 Nb）进行掺杂，已被证明可以提高电导率，并且已经进行了许多尝试来改性 TiO_2 以提高其作为电催化剂载体的性能。Bauer 等人发现用 H_2 还原的 TiO_2 比在空气中煅烧时电化学更稳定，但不如 Nb 掺杂二氧化钛稳定。与碳载体相比，许多类型的 TiO_2 及其衍生物已被证明可以抑制降解或催化剂中毒。

Mallouk 等人研究了 Ti_4O_7 和混合 Ti_nO_{2n-1} 相（Ebonex）负载的 Pt–Ru–Ir 催化剂在酸性介质中的 ORR 和 OER。活性和稳定性的增强归因于催化剂和载体之间的强电子相互作用。他们发现，在 OER 过程中，Ti 在非常正的电位（1.6 V vs RHE）下容易被氧化，这会降低其电导率并导致催化剂利用率较差。稳定性的实验通常通过比较在加速降解测试（ADT）之前和之后的 ECSA（活性），或者通过比较老化之前和之后的催化剂 / 载体形态来获得。Dang 等人观察到 TiO_2 上的金纳米颗粒在 500 ℃处理 4 h 后表现出最小的热烧结，而碳上的金颗粒在相同条件下生长了 5~10 倍。

金属氧化物电催化剂载体的大部分工作都是通过将二氧化钛前驱体与另一种过渡金属混合以实现 n 型掺杂来完成的。Siracusano 等人研究了 Nb 掺杂 TiO_2 作为酸性 ORR 的催化剂载体。他们能够制备出具有 279 m^2/g 相对较高比表面积和比 KB 更低的串联电阻的 TiO_2。Nb–TiO_2 载体的几种不同测试报告了较低的腐蚀程度。负载在 $Ti_{0.7}Mo_{0.3}O_2$ 上的 Pt 在酸性介质中的 ORR 期间表现出比 PtCo/C 和 Pt/C 显著更好的稳定性。这归因于从氧化物到 Pt 的明显电子转移，从 XANES 中提取的未填充 dstate 的相对密度证明了这一点。Park 等人还报道了带有 Nb–TiO_2 负载的 Pt L_{III} 边缘的 XANES 边缘强度降低，表明电子从氧化物载体转移到 Pt，这可能解释了 Pt/Nb–TiO_2 相对于 Pt/C 具有优异的 ORR 活性。Ramani 及其同事最近报道，Ti–RuO_2 具有 21 S/cm 的良好电导率，显示出负载的 Pt NP 作为 PEMFC 中的氧阴极的耐用性显著增强，在 MEA 中经过 10 000 个循环后，MA 损失了 18%，而 Pt/C 的 MA 损失了 52%。相对于相同条件下 Pt/C 的严重碳腐蚀，$TiRuO_2$ 上的 Pt 在 1.0~1.5 V 之间的氧化电压循环下表现出的腐蚀要少得多。

掺杂氧化锡和氧化铟锡（ITO）是众所周知的导电金属氧化物，

广泛用于触摸屏和透明玻璃电极。这使得它们成为电催化剂载体的热门研究对象。多项研究发现，这些材料在各种电化学环境中都取得了成功，但 SnO_2 及其衍生物在碱性介质中的稳定性存在问题，因为 SnO_2 是两性的，可以在强酸性和碱性环境中溶解。导电 SnO_2 载体可以通过表面钝化来稳定，例如使用 TiO_2 或其他稳定的氧化物，以便在碱性燃料电池中长期运行时保持活性。氧化铈已成功用作高温电解槽和多相电解槽的催化剂载体。因为它们能够稳定催化剂颗粒，是良好的氧化物离子导体，并且可以在高温下保持催化剂形态和活性。在低温应用中使用二氧化铈作为载体存在的问题是其未掺杂形式的电导率过低。为了解决这个问题，Wu 和同事将二氧化铈与氧化钼混合以增强其电导率，并对甲醇氧化表现出良好的活性。在使用其他过渡金属氧化物作为电催化剂载体方面已经做了一些工作，并取得了良好的结果。Atanassov 及其同事制造了 Pt/NiO 和 Pt/MnO_2，并将它们与 Pt/C 在碱性介质中电催化氨氧化方面的性能进行了比较。他们发现，与 Pt/C 相比，Pt/NiO 的峰值电流高出约 2 倍，并且具有更好的耐用性。Pt/NiO 和 Pt/MnO_2 的 XPS 显示，相对于 Pt/C 的结合能，Pt 4f 峰向更高方向移动。这表明从氧化物载体向 Pt 提供电子，但无法确定这种效应是由金属与载体的相互作用产生的还是由较小尺寸的 Pt 颗粒产生的。

5.4.2 金属氮化物和碳化物作载体

除了前面讨论的 3d 金属氮化物 ORR 电催化剂外，最常研究的金属氮化物载体是 TiN，它在 PEMFC 和直接甲醇和乙醇燃料电池中表现出出色的稳定性和耐腐蚀性以及良好的电子导电性。Sampath 及其同事报道，TiN 上负载的 Pt 对甲醇氧化表现出比 PtRu/C 更好的稳定性。原位红外光谱在 3250 cm^{-1} 附近显示出显著的谱带，表明氧化循环时形成的 Ti–OH 基团的存在，这可以通过去除中间物质来促进甲醇氧化。TiC 和 TiCN 上负载的 Pt 对甲醇氧化反应也显示出良好的活性。Chen 及其同事设计了一种用超细 Co 金属颗粒装饰的三维多孔氮氧化钛。该复合材料利用了氧空位诱导的强金属支持相互作用来稳定 Co NPs，其在碱性介质中的 ORR 活性与 Pt/C 相当，并且在碱性锌空气电池中具有延长的循环稳定性。

早期过渡金属的氮化物通常是良好的电子导体，许多研究已经探索了它们作为燃料电池催化剂载体的特性。Disalvo 及其同事通过共沉淀和氨解合成了介孔高导电三元氮化物 $Ti_{0.5}Nb_{0.5}N$。Pt/$Ti_{0.5}Nb_{0.5}N$ 对 ORR 表现出良好的催化活性，相对于 Pt/C（0.25 mA/cm^2），酸中 ORR 在 0.9 V 时具有更高的 SA（0.53 mA/cm^2），并且在 5000 次循环后活性衰减较慢，仅为 19%，低于 Pt/C（29%）。在碱性介质中，Pt/$Ti_{0.5}Nb_{0.5}N$ 也表现出比 Pt/C 高 2.2 倍的动力学电流，且活性衰减较小，约为 23%，低于 Pt/C（约 34%）。最近，Adzic 等人采用脉冲电沉积（PED）将 2~3 个 Pt 原子层负载到 TiNiN 支架上，相对于 Pt，其在酸性中的 ORR 的 MA 和 SA 分别增加了 4 倍和 2 倍。此外，在 RDE 测量中，TiNiN 上的这种薄层 Pt 在 10 000 个电位循环后仅表现出轻微的活性损失，这归因于 Pt 和氮化物基底之间的强相互作用。Wei 和同事报告说，相对于 Pt/C，将 Pt 负载在 $Ti_{0.9}Co_{0.1}N$ 材料上在 0.9 V（vs RHE）下的质量活性增加了 2 倍，并且 ORR 在酸中的耐久性增强。这与 Pt 氧化的稳定作用相关。CrN 也被报道可用作 Pt NP 的载体，与 Pt/C（75 m^2/g）相比，Pt/CrN 催化剂表现出更高的 ECSA，为 82 m^2/g。由于 Pt 和 CrN 之间的强相互作用，导致更高的甲醇氧化活性和增强的稳定性。

除了氮化钛和碳氮化钛之外，碳化钛也被报道作为催化剂载体，具有高导电性、高耐腐蚀性以及与贵金属催化剂的强大电子相互作用。最近，Dekel 和同事制备了 Mo、Ta 的混合碳化物及 W_2C 来负载 PtRu 在碱性介质中的 HOR。HOR 条件下的原位 XANES 光谱（0.05 V vs RHE，0.1 mol/L KOH）显示，所有碳化物负载的 PtRu 的吸附边缘强度均显著降低，相对于 PtRu，PtRu/Mo_2C–TaC 的衰减最明显。这表明与 W_2C 和 Mo_2C 相比，TaC 能够诱导电子更大程度地从碳化物转移以填充 Pt d 态，并且与 PtRu/Mo 优异的 HOR 活性一致。为了验证在 AEMFC 中使用硬质合金载体的可行性，PtRu/Mo_2C–TaC 阳极和 Pt/C 阴极的 MEA 测量显示 PPD 为 1，很有前景。在 H_2–O_2 模式下，70 ℃ 时为 2 W/cm^2。然而，应该指出的是，阳极和阴极都具有非常高的 PGM 负载量，为 0.7 mg/cm^2。在较低的 Pt 负载量下，碳化物是否会阻碍反应物的传质需要进一步研究。在 5000 次潜在循环后的 RDE 测量中，PtRu/ 碳化物表现出相对于 Pt/C 更高的耐用性，这与相对于 Pt/C 而言较低的 PtRu 损失相关。PtRu/碳化物作为 MEA 中氢阳极的长期耐久性仍然是一个悬而未决的问题。碳化物载体也可能足够稳定，可以作为 MEA 中氧化电位的氧阴极。

最近研究的另一种类型的碳化物作为碱性 ORR 的催化剂载体是碳化钨（WC）。Chen 和同事使用计时电位（CP）滴定来确定碳化物电催化剂载体 WC、W_2C 和 Mo_2C 的电化学稳定性。滴定曲线在 0 和 0.1 mA/cm^2 的电流密度下进行，这两个电流密度之间的区域被定义为钝化区域，在该区域中材料可以发挥作用，而不会产生太大的表面氧化或溶解风险。所有三种碳化物在低 pH 值下都有较大的钝化区域，而在中性和碱性溶液中则有较窄的钝化区域，这表明这三种碳化物的表面氧化物在较高 pH 值下越来越不稳定。WC 表现出较高的电阻，在酸性溶液中表面氧化程度和在中性 / 碱性溶液中的稳定性与 Mo_2C 和 W_2C 相当。WC 可以在 HOR 电位范围内稳定运行，而在 ORR 期间在氧化电位下不稳定。WC 上负载的 Pt 在碱性介质中 ORR 的稳定性需要在 RDE 和 MEA 测量中进行检测。

其他电催化剂载体的范围：从简单的材料（例如纯金属）到更复杂的结构和化学计量。Liu 和同事研究了 Ag 改性泡沫镍作为基底，提供高导电性和稳定性。在碱性水电解槽中，10 h 后活性仍然保持其初始活性的 96% 以上，并提高了 $Ru(OH)_x$/Ag/NF 的电荷转移率。Ag 掺杂有助于 Ru（III）氧化成 Ru（IV），这有利于碱性介质中的 HER。Duan 等人使用 CoAl 层状双氢氧化物作为载体来稳定用于碱性条件下乙醇氧化的 Pd NP，通过 Pd-OH 键的形成来稳定 Pd NP。在一项相关研究中，羟基磷灰石（HAP），一种表面富含羟基的磷酸钙作为 Pd NPs 的催化剂载体用于碱性乙醇电氧化，结果证明层状金属氧化物可作为燃料电池电催化剂的高比表面积抗氧化载体。

综上所述，燃料电池催化剂载体的基本要求是高比表面积（促进催化剂分散）、高孔隙率（有利于气体流动和聚合物电解质渗透）以及高导电性和运行过程中的稳定性。碳材料结合了许多这些特性。它们的高比表面积、孔隙率、导电性和活性位点的存在，再加上它们的可用性和低成本，使它们和其他载体材料相比非常有吸引力。炭黑是燃料电池应用中最常用的载体材料。随着各种碳同素异形体的出现，人们对碳纳米管和纳米纤维、石墨烯和碳点等新材料的电化学性能及其作为催化剂载体的潜力进行了研究。它们的性能还受到结构特性的影响，包括比表面积和孔隙率，而其表面的化学性质显著影响它们的稳定性，因为它调节燃料电池运行期间发生的腐蚀程度。碳载体的官能化会产生含氧基团，使碳表面具有反应活性，从而使催化剂纳米颗粒固定在活性位点上。为了降低成本，研究人员将注意力转向使用非贵金属电催化剂或通过杂原子掺杂开发无金属载体。

除了碳之外，包括导电氧化物、氮化物和碳化物在内的一系列材料可以改善催化剂的稳定性，并在酸性和碱性介质中为电催化反应提供更高的活性。这些材料还提供协同效应，例如调节 d 带填充和直接参与双功能催化循环。对于金属氧化物来说，主要的挑战是相对于碳而言电导率较低。研究最充分的前过渡金属氧化物和氮化物（例如钛氧化物、氮化物和氮氧化物）很容易被氧化和失去导电性，特别是在氧化和去掺杂发生在较低正电势的碱性介质中。然而，和碳化物、氮化物和其他材料相比，导电氧化物的潜在发展空间较大，因此仍然有望提高碱性燃料电池催化剂的耐久性。

第六章　碱性膜 / 离子聚合物设计与合成

阴离子交换膜（AEM）可促进碱性 / 阴离子交换膜燃料电池（AEMFC）中离子（OH^-）的流动。带有侧链或主链阳离子的聚合物可以用作 AEMFC 中的膜。阳离子官能团的特性和浓度以及聚合物主链本身会影响初始性能、长期耐久性、机械性能和加工性能。关于阳离子和骨架稳定性的大量研究提高了该领域对阻碍 AEM 在膜电极组件（MEA）中成功实施的降解途径的理解，并导致了更稳定和机械稳健的 AEM 的开发。在这里，我们重点介绍基于碳氢化合物的 AEM 材料的最新成果，特别关注阳离子和主链稳定性。有许多文献综述重点关注阳离子稳定性和 / 或实现 AEM 的合成方法。本章旨在全面了解阳离子稳定性和降解机制，并展示聚合物膜的一流结果，作为该领域更全面概述的一部分。本章根据膜的阳离子和主链的选择来划分各小节。阳离子稳定性部分重点关注季铵、咪唑鎓和鏻，它们都显示出作为 AEM 中稳定的平衡阳离子的前景。膜讨论重点介绍了基于烃的 AEM 的设计和合成，这为在 MEA 操作条件下实现高性能和高耐用的 AEM 铺平了道路。

6.1　阳离子稳定性

阳离子的稳定性对于氢氧根的连续传输至关重要，需要与主链稳定性同时解决。人们已经研究了许多阳离子官能团用于 AEM，这些官能团在带电荷原子和取代基类型方面都有所不同，以增强相互作用的空间 / 电子环境并促进电荷离域。这些主要官能团包括但不限于咪唑鎓、鏻、铵、锍和金属基阳离子。已观察到的主要阳离子降解机制，亲核取代、β 氢（霍夫曼）消除、亲核加成、膦氧化和 α – 氢消除。

已采用多种实验方法来研究阳离子稳定性和降解。温度、氢氧化物浓度、溶剂和反应容器都会影响阳离子的降解速率和机理。因此，不同研究条件会导致结果不一致。例如，在不同条件下对苯甲基三甲基铵（BTMA）进行的模型化合物研究显示出相互矛盾的结果。许多文献报道表明 BTMA 在碱性介质中稳定性较低，这是由于在苯甲基位置处容易受到 S_N2 进攻，而其他报道则声称 BTMA 事实上在碱性介质中是稳定的。文献报告之间的差异很可能是由于实验参数众多，使得客观比较整个领域 AEM 的阳离子稳定性具有挑战性。因此，提出了阳离子稳定性实验的标准化条件。下面给出了一些参数影响的简要总结。

6.1.1 温度

60~100 ℃是 AEMFC 的目标工作温度范围，以实现最佳反应动力学和 CO_2 去除率。高于 160 ℃的较高温度会加速阳离子的降解。然而，在较高温度下，降解的主要机制可能会改变，而不是简单地加速降解速率。这种与温度相关的行为影响了针对特定阳离子报告的降解机制的范围。降解机制随温度变化的潜在变化需要进行更多研究，以了解温度对碱性溶液中观察到的阳离子降解反应的确切影响。然而，当考虑 AEMFC 中的阳离子降解时，研究温度应在 AEMFC 的工作范围内，以确保研究准确地代表系统。

6.1.2　氢氧化物浓度

在 0.25~6 mol/L 氢氧化物溶液中检测燃料电池工作温度下有机阳离子的稳定性。结果表明，溶液中氢氧化物的浓度会影响阳离子的溶解度、降解速率和降解机制。在一些系统中，较低的氢氧化物浓度有利于有机阳离子的溶解度，而较高的氢氧化物浓度可能导致不溶性并影响观察到的降解速率和机制。较高的氢氧化物浓度可以加快阳离子的降解速度，从而缩短实验时间。然而，氢氧化物浓度增加可能有利于氢氧化物中二级或更高级的降解反应，从而改变降解机制。Coates 和同事在咪唑基阳离子中证明了这一点，其中由于降解机制的变化，从 2 mol/L KOH 切换到 5 mol/L KOH 改变了观察到的降解产物。

6.1.3　溶剂

溶剂 - 阳离子相容性与观察到的降解机制和速率相关。不同的化学环境由部分溶解或不溶解引起，这明显影响观察到的降解速率和潜在的降解机制。甲醇主要用于确保有机阳离子的溶解度，因为它与多种阳离子体系相容。然而，由于与水相比，甲醇的介电常数（ε）较低，因此会产生更恶劣的碱性条件。较低的介电常数减少了离子的溶剂化，并导致甲醇盐 / 氢氧化物离子和阳离子之间的反应性更高，从而影响观察到的阳离子降解率。此外，在碱性水溶液条件下，甲醇盐阴离子比氢氧化物更具亲核性，这进一步导致了观察到的降解速率的差异。如果使用具有不稳定质子的氘代溶剂，例如 D_2O 和 CD_3OD，则氘与阳离子的交换会使降解的定量变得复杂。使用 CD_3OH 可以缓解此问题，但没有解决观察到的降解率的差异以及与使用甲醇作为这些实验的溶剂相关的机制。

6.1.4 反应容器

用于进行稳定性研究的容器可能会干扰观察到的降解速率和机制，包括阳离子与容器本身的相互作用、不均匀的加热以及挥发性降解产物的逸出等。当使用玻璃容器时，氢氧化物可以蚀刻玻璃，从而降低溶液的 pH 值并人为地产生更高的稳定性。特氟龙、氟化乙烯丙烯（FEP）和聚丙烯容器和衬里可避免蚀刻，但在 FEP 内衬中观察到降解产物的吸收，这可能会使降解机理的分析变得复杂。加热不均匀会导致样品温度低于预期并影响降解速率。如果用于稳定性研究的容器未密封，或者如果在表征之前在容器之间转移溶液，则挥发性降解产物可能会丢失，从而误导分析结果。使用密封核磁共振（NMR）管可以确保保留所有降解产物。

在比较不同研究的结果时，记住这些因素很重要。本部分总结了最常研究的阳离子、季铵、咪唑鎓和鏻在升高 pH 值和温度的各种介质中的碱性稳定性，以及强调导致其退化的主要机制。

6.1.5 季铵阳离子

季铵是 AEM 中最常用的阳离子，因为它们可以通过后聚合官能化或通过季铵官能化单体的直接聚合轻松附加到膜上。然而，铵很容易受到多种降解机制的影响，其中优选的途径取决于取代基。例如，使用烷基连接体附加三甲基铵（TMA）阳离子的膜主要通过 S_N2 去甲基化进行降解，而附加在苄基位置的三甲基铵阳离子（例如 BTMA）的主要降解机制是 S_N2 对苄基碳的进攻。此外，具有含氮 β 氢的取代基的季铵阳离子容易发生霍夫曼消除，这与 S_N2 对烷基取代基的进攻竞争有关。类似地，相对于氮原子，环铵可以在 α－碳上或霍夫曼消除进行 S_N2 进攻，两者都会导致开环。已经有许多研究旨在理解通过识别和减轻这些降解途径的影响来提高季铵的稳定性。

6.1.6　苄基取代基稳定性

BTMA 是大多数阳离子进行比较的稳定性标准。然而，对 BTMA 碱性稳定性的研究已报告利用了一系列条件，这些条件反过来又在报告中产生使 BTMA 稳定性产生巨大的变异性。溶剂的选择会影响降解速率，因此是导致不同结果的主要因素之一。Yan 和同事证明了不同的 CD_3OD : D_2O 比率对碱性介质中阳离子降解百分比的影响。例如，他们在研究 2 mol/L KOH/D_2 中的 BTMA 过程中，在 80 ℃处理 96 h 后没有观察到阳离子降解。但当使用 3 : 1 CD_3OD : D_2O 或 CD_3OD 作为溶剂时，BTMA 分别剩余 85% 和 49% 的阳离子，表明 CD_3OD 比 D_2O 更有利于 BTMA 的降解，因为碱性物质和阳离子溶剂化发生了变化。为了标准化 BTMA 稳定性研究的条件，Pivovar 和同事建立了一个操作程序，以获得 BTMA 在碱性介质中的可靠稳定性数据。该程序采用放置在烘箱中的特氟龙衬里 Parr 反应器，当采集所得溶液的 NMR 光谱时，将内标密封在毛细管中。使用聚四氟乙烯衬里可以防止玻璃容器被氢氧化物蚀刻，因为硅酸盐的产生会降低溶液的 pH 值。将 Parr 反应器放置在烘箱中以避免反应容器顶部空间的回流。装有内标的密封毛细管可防止氢氧化物降解内标。低浓度的 BTMA（0.1 mol/L）确保在 2 mol/L KOH 水溶液中的溶解度。这对于防止氘交换并保持 AEM 操作条件下存在的类似溶剂极性是必要的。消除了这些潜在的误差源后，BTMA 显示出极高的稳定性，在 80 ℃ 的 2 mol/L KOH 溶液中放置 2000 h 后，仍有 96% 的阳离子残留。

Mohanty 和 Bae 比较了 11 种铵阳离子与 BTMA 的碱性稳定性，除了其中一种之外，所有阳离子都具有苄基连接。使用 D_2O 中的

Ag_2O，将卤化物抗衡离子与 OD^-交换，以便可以通过 ^1H NMR 监测阳离子降解。该研究在 D_2O 中进行，保持溶剂极性并模拟 AEM 操作期间存在的条件，类似于 Pivovar 使用 H_2O。在 D_2O 中于 60 ℃ 或 120 ℃ 加热 672 h 后，将降解产物萃取到 $CDCl_3$ 中，并通过 NMR 和气相色谱 - 质谱联用进行分析。尝试（GC–MS）以确定降解途径。结果显示，87% 的 BTMA 阳离子在苯甲基位置仍存在亲核进攻，这是观察到的唯一降解途径。

虽然这些研究表明 BTMA 具有足够的稳定性，可以在 AEM 中使用，但 Mohanty 和 Bae 证明存在更稳定的铵替代品，不带苄基取代基的模型铵化合物（QA2）是最稳定的，需要更苛刻的条件才能检测到全部降解副产物。QA2 在 90 ℃ 的 2 mol/L NaOD/CD_3OD 中能够保留 66% 的阳离子，降解主要通过霍夫曼消除发生。

Coates 小组使用标准化方案进行的碱性稳定性研究进一步支持了烷基取代铵阳离子稳定性的提高，他们提出该方案可用于在整个领域获得可比较的阳离子稳定性结果。在 80 ℃ 的密封 NMR 管中，在 1 mol/L 和 2 mol/L KOH/CD_3OH 中处理 720 h 后，对各种阳离子剩余百分比进行量化分析。CD_3OH 中使用过量的氢氧化物可确保通过氢 - 氘交换确定阳离子稳定性时不会受到干扰，密封的 NMR 管可确保挥发性降解产物不会损失。使用这些条件，仅保留 11% 的 BTMA 阳离子，其中苄基位置的亲核取代作为主要降解途径（67%），甲基位置的亲核取代作为次要降解途径（22%）。用脂肪族基团（QA9）替换苄基取代基可将阳离子保留率提高至 94%。稳定性的提高归因于消除了苄基取代基的亲核取代，因为它是比去甲基化或霍夫曼消除更容易的反应，而去甲基化或霍夫曼消除是烷基的潜在降解途径。

许多研究报告称，所有烷基铵均表现出比 BTMA 更高的稳定性，但稳定性提高的程度很大程度上取决于研究所用的条件。Hickner 和同事报告说，在 120℃ 下 3 h 后，80% 的 BTMA 仍保留在 0.6 mol/L NaOD/（3∶1 CD_3OD∶D_2O）中。在铵和苄基（QA4）之间添加三碳间隔基后，在相同条件下剩余的阳离子百分比增加到 88%。苄基位置和烷基取代基处的 S_N2 是观察到的主要降解途径。Beyer 和同事发现，在 80 ℃（QA11 为 88 ℃）的 1 mol/L NaOD/D_2O 中，烷基取代的铵（QA11）比带有苄基取代基（QA1）的铵更稳定，从而导致半衰期分别为约 1000 h 和约 400 h。Holdcroft 及其同事在 80 ℃、70 wt% CD_3OD/D_2O 中的 3 mol/L NaOD 中进行研究时，还发现烷基取代铵的稳定性有所提高；测得 BTMA、QA10 和 QA6 的半衰期分别为 180 h、1420 h 和 2069 h。此外，Marino 和 Kreuer 采用高氢氧化物浓度（6 mol/L NaOH/H_2O）和温度（160 ℃）来测量 26 种铵阳离子的半衰期。与 Holdcroft 的观点一致，甲基取代基比苄基取代基具有更高的稳定性，QA6 和 BTMA 的半衰期分别为 62 h 和 4 h。虽然对 BTMA 的稳定性存在分歧，但研究表明，为了实现长期稳定性，应避免苯甲基连接，以防止苯甲基位置受到 S_N2 进攻。

6.1.6.1　直链烷基取代基稳定性

实施直链烷基取代的铵消除了易受 S_N2 进攻的苄基位置，使 S_N2 进攻位于 α－碳和 β－氢（霍夫曼）消除处作为四烷基铵的主要降解途径。N–烷基取代基链长决定了铵的主要降解途径。虽然较长 N–烷基链的 α 位可能会遭受亲核进攻，但由于空间位阻增加，这种降解途径不太常见。对于较长的 N–烷基取代铵，霍夫曼消除成为主要的降解途径。乙基和异丙基特别容易发生霍夫曼消除，因为它们分别具有 3 个和 6 个 β－氢，能够自由旋转到相对于氮的反平面位置。此外，这些基团没有氢氧根离子的空间保护，霍夫曼消除很容易发生。Marino 和 Kreuer 在 QA7 和 QA8 的稳定性研究中证明了与正丙基相比，乙基更倾向于发生霍夫曼消除，在 160 ℃的 6 mol/L NaOH（aq）中，半衰期分别为 3 h 和 33 h。QA8 上额外的亚甲基单元降低了霍夫曼消除的程度，因此表明在选择铵阳离子取代基时应避免使用乙基和异丙基。

对于 N- 甲基取代基，S_N2 对 α－碳的进攻是唯一的降解途径，并且比较长的烷基链更有利，因为甲基很容易受到氢氧根离子的亲核进攻。当 Coates 及其同事在 80 ℃ 下研究 QA9 在 1 mol/L 和 2 mol/L KOH/CD_3OH 中的稳定性时，分别保留了 94% 和 89% 的阳离子；720 h 后，使用 2 mol/L KOH 条件观察到 11% 的阳离子降解，其中 9% 归因于长烷基链上的去甲基化，2% 归因于霍夫曼消除。

将甲基和长烷基链替换为正丁基（QA13）可提高铵稳定性，在 80 ℃ 下，1 mol/L 和 2 mol/L KOH/CD_3OH 中 处理 720 h 后阳离子分别保留了 96% 和 94%。这表明碱性稳定性增加，因为亲核进攻被丁基取代基阻断。丁基上的霍夫曼消除是唯一观察到的降解途径。相反，Marino 和 Kreuer 观察到，随着正丙基取代基数量的增加，阳离子稳定性降低。尽管将 QA9 与 QA13 进行比较所得的结果得到了与 Coates 研究相反的趋势，但应将长链 TMA 与 QA12 进行比较，以确保结果的公平比较。QA10 在 160 ℃ 的 6 mol/L NaOH（aq）中表现出 2 h 的半衰期，低于 QA12 观察到的 7 h 半衰期，表明 QA12 比 QA10 更稳定。这一发现与 Coates 研究中观察到的趋势一致，两者都表明所有中等长度的烷基取代基产生比长链烷基 TMA 更高的稳定性。据报道，这些长链 TMA 可以在碱性溶液中形成胶束，从而通过影响局部氢氧化物浓度和反应速率来降低铵的稳定性。Marino 和 Kreuer 的研究展示了烷基链长度和铵阳离子稳定性之间的非线性关系。

Mohanty 和 Bae 还证明了与多个丁基取代基（QA2）或甲基取代

基（BTMA）相比，长链取代基（己基，QA3）降低铵稳定性的趋势分别为78%、91%和87%。他们发现丁基取代的铵比被甲基取代的铵更稳定，这与Marino和Kreuer的发现相反。然而，Mohanty和Bae研究了带有苄基取代基的铵，其主要通过苄基取代进行降解，这意味着他们的研究主要是关于甲基、丁基和己基对苄基取代率的影响。Marino和Kreuer研究了仅通过α-碳上的亲核取代和霍夫曼消除降解的烷基取代基。由此可以得出结论，在分析铵阳离子稳定性时考虑所有取代基非常重要，因为取代基影响主要的降解途径，并且可能在降解研究之间的差异中发挥重要作用。

总体而言，发现铵阳离子稳定性顺序如下：四甲基铵（QA6）>具有中等长度烷基链取代基的四烷基铵>具有长烷基链取代基的TMA。然而，长烷基链取代基在与聚合物连接时可能比游离四甲基铵更好地模拟TMA的局部环境。基于此，与聚合物连接的三丁基铵可能比TMA在聚合物上更稳定。

6.1.6.2 环状取代基稳定性

由于霍夫曼消除需要氮和β-氢之间的反平面构型，因此可以通过实施环铵官能团来降低霍夫曼消除的程度。环状结构可以限制氮和β氢之间反平面构型的形成。在消除所需的过渡态中产生的键角可以进一步诱导明显的环应变（图6-1），因此不利于开环消除。虽然霍夫曼消除可以作为环铵阳离子的降解途径而减少或消除，但某些环（例如桥联双环结构）中应变的增加会通过亲核开环增加降解。

吡咯烷鎓阳离子（QA14和QA15）和含有五元环的螺环铵（例如QA23和QA24）通过α位的开环取代而降解，因为它在热力学上有利于缓解环应变。然而，由于β-氢无法形成反平面构型，霍夫曼消除法开环被阻止。在Marino和Kreuer的一项研究中，QA14

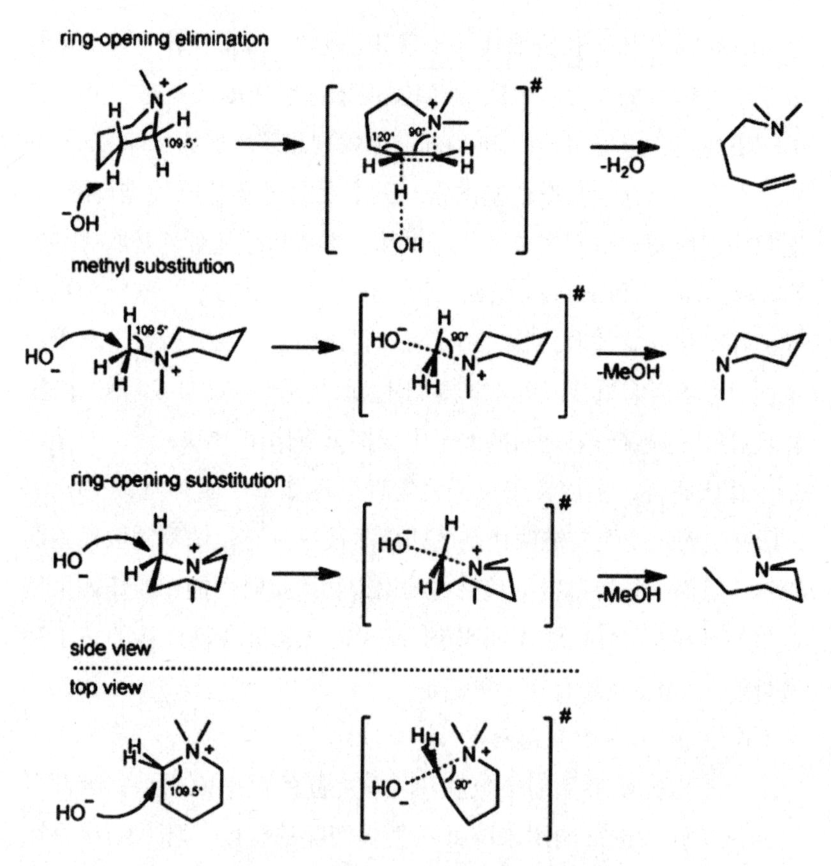

图 6–1　QA16 开环消除和亲核取代的首选键角描述

和 QA23 在 160 ℃ 下置于 6 mol/L NaOH（aq）时，半衰期分别为 37 和 28 h，与具有半衰期的 QA6 类似物相比，稳定性显著降低 62 h。降解率的增加可归因于甲基被五元环取代，五元环比甲基更容易被亲核进攻分解。反过来，Jannasch 和同事通过 NMR 结果观察到，含有 QA14 的聚电解质中的阳离子降解程度高于含有 QA23 的聚电解质，表明去甲基化的发生率高于亲核开环。

当比较 QA15 在一系列溶剂中的降解率时，Yan 和同事发现，在 80 ℃ 下，2 mol/L KOH/D_2O 中 处理 96 h 后，仍保留 100% 的阳离子，而当CD时，仅保留77%的阳离子使用CH_3OD，证明溶剂对降解率的影响。在Coates和同事的研究中，在80 ℃下，1 mol/L KOH/CD中，处理720 h后仍有32%的QA15。尽管预计霍夫曼消除会是主要的降解产物，但观察到37%的降解是通过S_N2开环发生的，其中31%是通过乙基上的霍夫曼消除发生的。乙基上的开环取代和霍夫曼消除几乎相等的贡献可能部分归因于甲醇盐的亲核性。但它强调了五元环对开环取代的脆弱性，并为其他循环系统的探索提供了支持。在相同条件下，QA24在720 h后剩余73%的阳离子，所有观察到的降解均归因于吡咯烷环上的开环取代，使六元哌啶环保持完整，表明哌啶鎓是一种更稳定的环状阳离子。

六元环，如鎓，具有较低的环张力，不利于亲核开环，并且足够刚性，可以是达到霍夫曼消除所需的键角减小。因此，与吡咯烷鎓相比，哌啶鎓在加速降解条件下表现出更高的稳定性；在80 ℃下，1 mol/L和2 mol/L KOH/CD_3OH中处理720 h后，QA17分别保留了97%和94%的阳离子。Marino和Kreuer还观察到使用哌啶功能时稳定性增强。他们发现，QA16在160 ℃、6 mol/L NaOH（aq）中的半衰期为87 h，比半衰期为62 h的QA6有所改进。在这两种情况下，尽管也观察到霍夫曼消除，但主要的降解机制是去甲基化。

为了进一步将环状结构纳入铵阳离子中，哌啶鎓上的烷基可以被另一个六元环取代，得到QA25。这种取代进一步提高了稳定性，在80 ℃下，1 mol/L和2 mol/L KOH/CD_3OH中处理720 h后，分别保留了98%和96%的阳离子，环上的霍夫曼消除为唯一独家降解产物。Marino和Kreuer还观察到，与QA16相比，QA25的稳定性有所改善，在160 ℃的6 mol/L NaOH（aq）中，半衰期分别为110 h和87 h。在这些条件下，发现QA25通过在α位开环而降解。α位的取代反应速度比QA16的去甲基化速度慢，表明与直链烷基取代基相比，哌啶鎓中的消除和取代程度均大大降低。他们提出，尽管存在氢，但六元环上消除或取代所需的不利键角和键长会提高稳定性。

虽然模型化合物研究表明 QA25 比 QA16 更稳定，但 Jannasch 和同事的研究结果表明，当阳离子附加到聚（三联苯亚烷基）主链上时，趋势会逆转。虽然 QA25 仍然表现出良好的稳定性，但他们观察到当 10% 膜在 90℃下浸泡在 2 mol/L NaOH（aq）中时，720 h 和 2900 h 后阳离子损失分别为 27%。他们将阳离子损失归因于环上的霍夫曼消除。他们还研究了用 QA16（而不是 QA25）取代的聚（三联苯亚烷基）主链的稳定性，在相同条件下，720 h 和 2900 h 后，阳离子降解分别低于 5% 和 13%。据报道，Hofmann 消除导致 2900 h 后 QA16 降解 7%，而其余 6% 的降解被认为是由于去甲基化。他们将这种趋势归因于当连接到刚性聚合物主链时，与 QA16 相比，QA25 内的键角扭曲程度增加。当 QA25 和 QA16 通过三唑连接体与 PS 连接时，QA25 表现出更高的稳定性，在 80℃ 的 1 mol/L NaOH CD_3OD/D_2O 中处理 3000 h 后未检测到降解，而 QA16 等效物显示出在相同条件下处理 144 h 后，发生去甲基化，从而支持铵阳离子直接连接到刚性主链导致 QA25 的不稳定。然而，当采用异亚丙基将 QA16 或 QA25 连接到 PS 主链时，QA16 的稳定性略高于 QA25，但两种阳离子的总体稳定性都高于阳离子直接连接到刚性聚三苯撑亚烷基时的稳定性。总体而言，可以确定，虽然模型阳离子稳定性有助于确定有希望的候选阳离子，例如 QA16 和 QA25，聚合物主链和连接方法会使稳定性趋势进一步复杂化。

由于铵阳离子的亲水性增加，在六元环中引入额外的杂原子被认为可以提高电导率和稳定性。然而，哌嗪基螺环的稳定性低于 QA25，降解程度取决于叔胺的取代基。QA25 和所有三种螺哌嗪通过霍夫曼消除而降解，因为环中额外的氮促进了相邻 β－氢的消除。然而，相对于 Me－螺哌嗪（QA26）或 Ph－螺哌嗪（QA28），iPr－螺哌嗪（QA27）增加的空间体积抑制了阳离子降解。

当在桥联双环铵中掺入杂原子时，也观察到类似的稳定性下降。奎宁环铵是一种桥联双环铵，即使有苄基取代基也非常稳定，因为在 80 ℃的 1 mol/L KOH/CD_3OH 中 处理 720 h 后仍保留 67% 的 QA19。相比之下，在相同条件下，只有 11% 的 BTMA 保持不变。观察到的 QA19 的主要降解途径是亲核开环（18%）和苄基位置的亲核进攻（14%）。桥联双环系统中的额外含氮基团给出了基于 DABCO 的阳离子 QA20，由于亲核开环的急剧增加（64%），该阳离子仅剩余 5% 。Marino 和 Kreuer 还发现 QA20 和 QA21 的碱性稳定性较低，在 160 ℃ 的 6 mol/L NaOH（aq）中半衰期分别为 1 h 和 14 h，相比之下，在相同条件下，BTMA 为 4 h，QA6 为 62 h。相反，Mohanty 和 Bae 发现 QA20 的稳定性与 BTMA 相当，在 60 ℃ 和 120 ℃ 的定量 OD^-/D_2O 中 处理 672 h 后，分别有 100% 和 >85% 的阳离子残留。这些研究表明，与相应的三甲基铵相比，1，4－二氮杂双环 [2，2，2] 辛烷（DABCO）官能团降低了碱性稳定性。

吗啉环中氧的诱导作用使吗啉阳离子更容易发生亲核开环和环上的霍夫曼反应。苄基取代吗啉（QA18）的稳定性不如 BTMA，在 < 80 ℃，1 mol/L KOH/CD_3OH 中 处理 720 h 后剩余 1% QA18 和 11% BTMA。在 Jannasch 的研究中，吗啉功能化的 AEM 表现出最高程度的阳离子降解，亲核开环和霍夫曼开环以相似的速率发生。用氮杂环庚烷取代的 AEM 表现出与吗啉鎓相似的霍夫曼开环程度，但总体稳定性更高。源自七元环的阳离子，如氮杂环庚烷（QA22 和 QA29）比六元环更灵活，并且可以定向到对霍夫曼消除更有利的位置，而不会像吡咯烷鎓和哌啶鎓情况那样诱导那么多的环应变。

6.1.6.3 季铵阳离子

总体而言，根据季铵取代的差异对季铵阳离子的稳定性进行明确排名非常具有挑战性，因为用于研究季铵阳离子的反应条件会影响稳定性研究的结果。因此，不同类别季铵的大致排序如图 6–2 所示。乙基取代导致碱性稳定性较低，因为自由旋转的 β–氢特别容易因霍夫曼消除而降解。与烷基取代基相比，苄基取代基更容易被 S_N2 进攻裂解，因此应避免使用以保证长期稳定性。具有高应变的环（例如吡咯烷鎓、DABCO 和奎宁环）可能对亲核开环敏感，而高度柔性的环（例如氮杂环庚烷）则对霍夫曼开环敏感。环中的其他杂原子（吗啉、DABCO、螺哌嗪）通过促进亲核和霍夫曼开环来降低阳离子的稳定性。四甲基氨基–鎓和烷基三甲基铵具有相对较高的去甲基化稳定性，如果存在 β–氢，霍夫曼消除可能是降解途径。中长烷基链、哌啶鎓和 QA25 显示出较高的碱性稳定性，并且作为主要降解产物的霍夫曼消除最少。取代基一一变化且条件保持恒定的系统研究对于确定哪些阳离子最适合在 AEM 中使用非常重要。

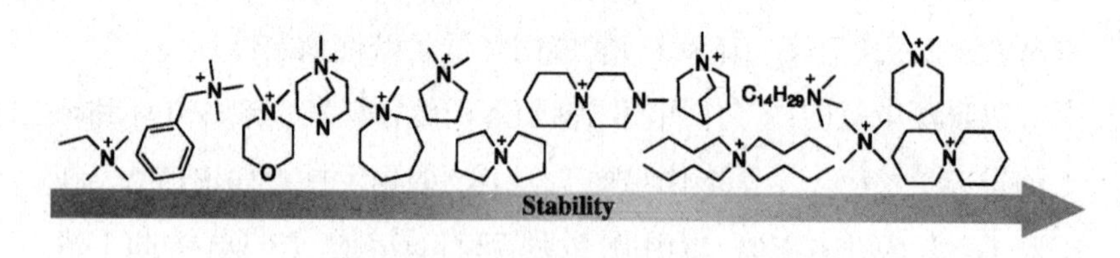

图 6–2 碱性条件下季铵稳定性从低到高的大致排名

6.1.7 咪唑鎓阳离子

未取代的咪唑鎓阳离子在 AEM 中使用时已被证明不稳定，因为它们倾向于通过 C2 位的 S_N2 进攻而降解，导致开环，随后烯胺和酰胺水解，产生羧酸和胺产物。图 6–3 观察到的咪唑鎓阳离子降解途径:(A)C2 位上的亲核性,(B)N- 苄基位上的 S_N2 进攻,以及(C)α- 位上的 S_N2 进攻 N- 烷基的位置取代基。

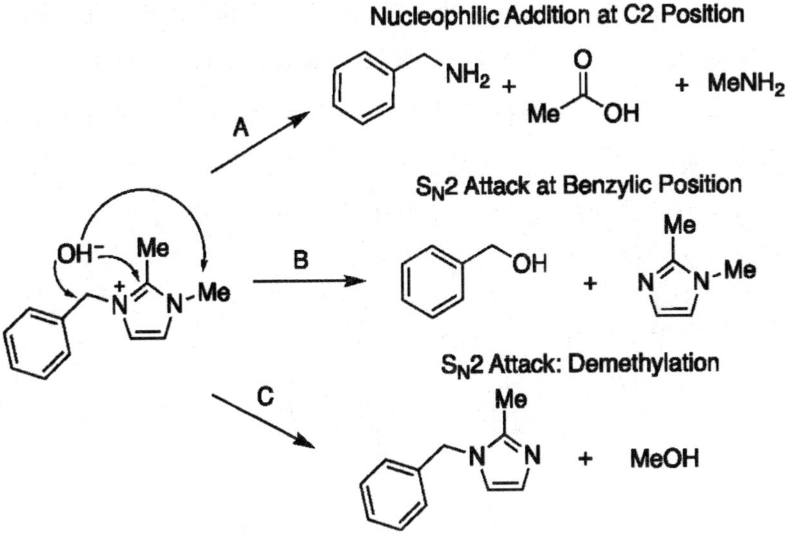

图 6-3　咪唑鎓阳离子降解途径

另一个突出的降解机制是进攻 N1/N3 取代基以产生中性咪唑。此外,咪唑鎓环上的多个酸性氢会发生可逆的去质子化(图 6-4)。这已通过在 C2 位(图 6-4A)、C2 的 α 位(图 6-4B)、N1/N3 取代

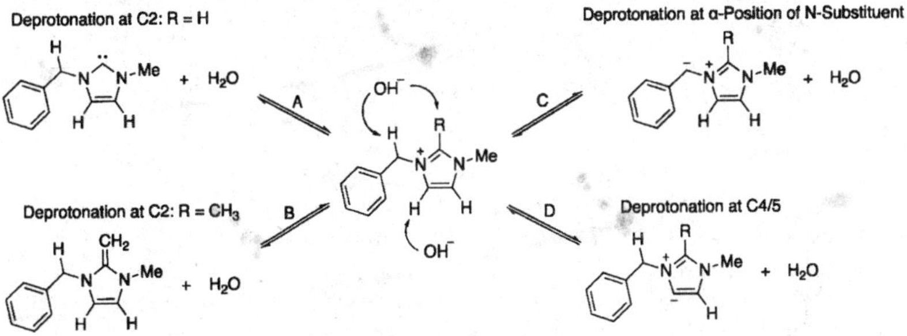

图 6-4　咪唑鎓阳离子上酸性氢的去质子化

重排或后续反应可能导致阳离子降解:(A,B)C2 位去质子化,(C)N 取代基 α 位去质子化,以及(D)C4/C5 位置的去质子化。

基（图 6-4C）和 C4/C5 位置处观察到的氢的快速氘交换来证明（图 6-4D）。这些可逆的去质子化可以导致咪唑鎓环的稳定，同时也导致重排和后续反应的降解。通过在 C2、N1/N3 和 C4/C5 处进行取代可以减少这些途径的降解位置。因此，对取代基对稳定性影响的系统研究已将咪唑鎓从 AEMs 中最不稳定的阳离子转变为最稳定的阳离子（图 6-5）。

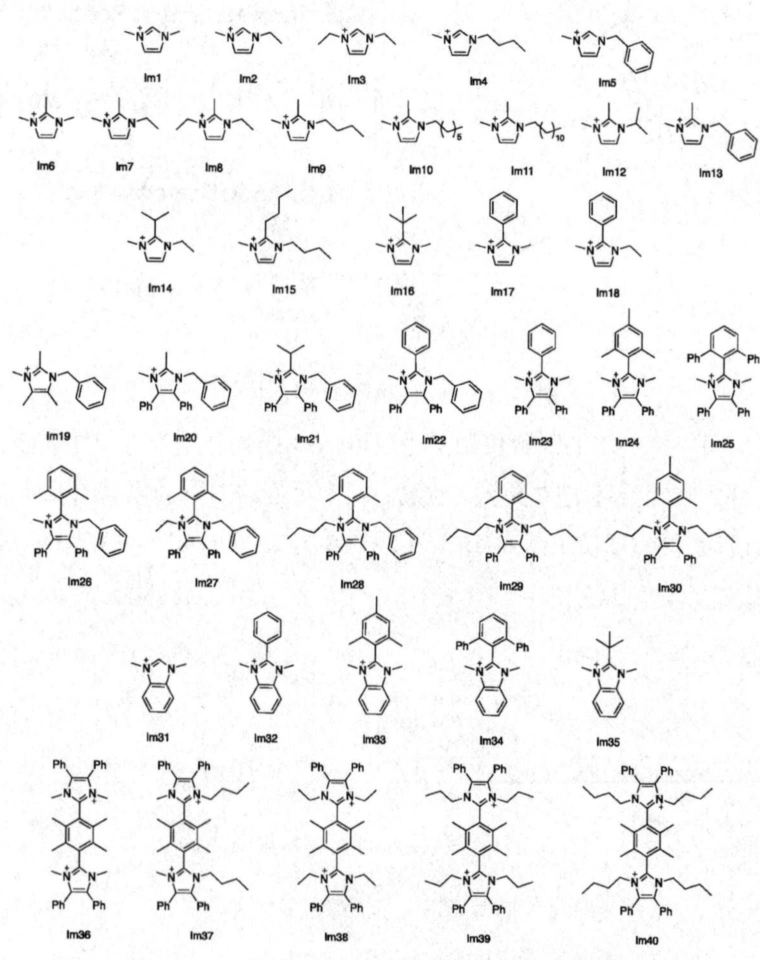

图 6-5　本书讨论的咪唑鎓（Im）的命名方案

6.1.7.1　C2 取代

在 Yan 和同事的一项研究中，Im3 和 Im8 在 D_2O、CD_3OD 和两种溶剂的几种组合中于 80 ℃ 下，2 mol/L KOH 中处理 96 h，随着 CD_3OD 与 D_2O 比例的增加，降解程度可能会增加，因为与水相比，甲醇具有较低的介电常数和更强的亲核性质。他们发现，在所有溶剂系统中，带有 C2- 甲基的咪唑鎓的降解程度明显较低。在各种条件下进行的许多其他研究都表明，在 C2 位使用甲基会产生更高的碱性稳定性。

此外，Yan 和同事发现 C2 位的正丁基取代基表现出最低程度的开环降解，其次是甲基、异丙基和苯基取代基。Yan 报道了 C2- 甲基化 Im7 相对于 C2- 苯基化 Im18 具有更高的稳定性，并将这种稳定性归因于更高的最低空分子轨道（LUMO）能量。对于 C2 取代的咪唑鎓，观察到咪唑鎓的 LUMO 能量越高，它越不易受到开环亲核进攻。他们计算出的 LUMO 能量为 Im15 > Im7 > Im14 > Im18，与观察到的碱性稳定性趋势相匹配。有趣的是，Im18 的 LUMO 能量低于 Im2，但稳定性更高，这可能是由于空间位阻对 C2 位的保护。 Im15 可能具有最高的稳定性，因为 C2- 正丁基结合了空间位阻和 C–H σ 键与环上 π 共轭之间的超共轭。然而，与 Im18 上的苯基不同，正丁基可以提供空间体积以保护 Im15 上的 C2 免受进攻，而不会使电子密度离域。

总体而言，在多种条件下，C2 取代已被证明可以提高碱性稳定性。然而，一个取代基会导致降解率增加。 Beyer 和同事报告了 C2 取代的稳定性趋势，其中甲基 > 苯基 > 氢 > 叔丁基。当在 80 ℃（Im6 为 88 ℃）下，1 mol/L $NaOD/D_2O$ 中处理 1 h，比较 Im6、Im17、Im1 和 Im16 时，半衰期分别为 1000 h、107 h、15 h 和 3 h。与 Yan 类似，Beyer 报道甲基取代的 Im6 比苯基取代的 Im17 更能抵抗开环降解。他们将这一发现归因于 C2 甲基取代基上可逆去质子化产生的酸性质子稳定作用，其作用超过了 C2 苯基引起的空间位阻的稳定作用。通过将 Im1 与相应的 C2 叔丁基类似物 Im16 进行比较，显示了质子稳定作用（图 6–4A）的进一步证据，半衰期分别为 15 h 和 3 h。在所有其他情况下，具有任何 C2 取代基比 C2 位无取代基具有更高的稳定性。Im16 令人惊讶的低稳定性归因于叔丁基和 N– 甲基上的氢之间的 1，3– 烯丙基张力的不稳定。虽然可逆去质子化（图 6–4A、B）降低了 C2 位亲核加成的降解程度，去质子化物质发生不可逆的降解反应，仍然可以降解咪唑鎓。正如 Coates 的研究所示，考虑到所有潜在的降解机制，具有 α – 质子的 C2 取代基可以产生较低的咪唑鎓稳定性。

当 Coates 和同事比较 Im22、Im26、Im21 和 Im20 在 80 ℃ 1 mol/L KOH/CD_3OH 中的稳定性时，出现了不同的稳定性趋势，其中 C2 位被苯基取代 ≈ 2, 6 – 二甲基苯基 > 异丙基 ≈ 甲基。对于这些咪唑鎓，720 h 后，分别保留了 91%、87%、82% 和 80% 的阳离子。C2 位上带有烷基取代基的咪唑鎓（Im21 和 Im20）不是通过开环降解，而是可能通过 C2 取代基去质子化然后重排来降解（图 6–4B），而那些带有芳基取代基的咪唑鎓（Im22 和 Im26）S_N2 对 N1/N3 取代基的进攻会降解，对苄基的进攻比对甲基的进攻降解更多。

Yan/Beyer 和 Coates 观察到的稳定性趋势之间的分歧可能是由于观察到的每个系列化合物的降解机制不同所致。Yan 量化了 C2 位的开环降解程度；然而，Coates 并没有观察到开环降解是用于研究 C2 取代基效应的一系列咪唑鎓中的主要降解途径。因此，Yan 观察到的稳定性趋势，其中 C2– 甲基 > C2– 异丙基 > C2– 苯基与 C2– 位的亲核进攻速率相关。

Coates 等人观察到的稳定性趋势，C2– 苯基 ≈ C2–2，6– 二甲

基苯基 > C2- 异丙基 ≈ C2- 甲基，可能是 C2 取代基去质子化（图 6–4B）及 N1 和 N3 取代基进攻相结合的结果。

观察到的降解机制的差异可能是由于 Yan 和 Coates 研究的咪唑鎓上的 N1/N3 和 C4/C5 取代基不同所致。较大的 N- 苄基取代基可能比 N- 甲基更容易保护 C2 位免受进攻，这也可能解释了为什么 Coates 没有观察到开环降解作为主要降解途径。此外，N- 苄基取代基比甲基更容易受到氢氧化物的进攻（图 6–4C），这可能在 Coates 研究中观察到的主要降解途径是在苄基位置上产生 S_N2，而 Yan 和 Beyer 研究的咪唑鎓类没有受到进攻的苄基位置。

此外，当 Coates 研究具有 C2- 甲基并且在 C4/C5- 位置没有取代的咪唑鎓的降解机制时，他们观察到 C2- 位置发生亲核加成作为与 Yan 和 Beyer 类似的降解途径。这一发现表明，C4/C5 位置的取代会影响有利的降解途径，进而影响改变 C2 取代基时观察到的趋势。

据认为，C2 位点的进攻在碱基中是较高级的，因此在高碱基浓度下受到青睐。这可以解释为什么 Webb 在 4.25 mol/L KOH（aq）中的 Im19 研究中观察到 C2 位发生亲核加成。降解机制随氢氧化物浓度的变化进一步证明，当 Im26 在 1 mol/L 和 2 mol/L KOH/CD_3OH 下具有相似的稳定性时，Im26 在 5 mol/L KOH/CD_3OH 下比 Im22 具有更高的稳定性。2, 6- 二甲基苯基的空间体积比苯基取代基提供更好的 C2 位保护，以防止 C2 位发生亲核加成，这成为较高氢氧化物浓度下的主要降解途径。

这一发现得到了 Holdcroft 及其同事的一项研究的支持，其中比较了 Im24、Im25 和 Im23 在 3 mol/L NaOD 中、80 ℃ 下 70 wt% CD_3OD/D_2O 中的稳定性，240 h 后剩余阳离子的百分含量分别为 98%、93% 和 88%。 Im24 和 Im25 通过去甲基化降解，而 Im23 主要通过 C2 位进攻降解，表明 C2- 芳基取代基上的 2，6- 取代更好地保护 C2 位免于开环降解，具有更多的给电子基团（甲基），比体积更大的苯基具有更高的稳定性。此外，Holdcroft 发现，当两个咪唑鎓通过 C2 位融合时，阳离子稳定性从 Im24 剩余 98% 降低到双咪唑鎓 Im36 剩余 94%，具有类似的取代模式。他们将这种稳定性损失归因于 Im36 中较高的静电势，表明咪唑鎓和氢氧化物之间存在更大的静电吸引力，可能导致更快的降解。

当在苯并咪唑鎓上研究相同的取代模式时，苯并咪唑鎓具有稠合到 C4/C5 位的苯环，咪唑鎓的稳定性与空间体积的相关性更大。2，6- 二苯基的 C2 取代产生最高的稳定性，其次是异三甲苯基和苯基取代基（Im34、Im33、Im32）。在 80 ℃，70 wt% CD_3OD/D_2O 中的 3 mol/L NaOD 中放置 240 h 后，Im34 和 Im33 的阳离子剩余量分别为 95% 和 69%，而 Im32 的阳离子剩余量在 1 min 以内降为 0%。

6.1.7.2 C4/C5 取代

C4/C5 位上有氢的咪唑鎓很容易通过去质子化而降解，然后在 C4/C5 位上重排（图 6–4D）。C4 和 C5 位上的取代会阻断这种去质子化和其他降解途径，从而产生更高的碱性稳定性。Webb 和同事通过比较 C4/C5 位上的甲基取代的降解速率和机制，研究了 C4/C5 位上甲基取代的影响。他们观察到，在 80 ℃的 1 mol/L KOH（aq）中处理 480 h 后，Im13 阳离子剩余 62%，而 Im19 需要更高的氢氧化物浓度，4.25 mol/L 才会引起降解。即使在更恶劣的条件下，Im19 在 1536 h 后仍保留 60% 的阳离子。

Coates 和同事展示了类似的趋势，显示在 80 ℃ 的 1 mol/L KOH/CD_3OH 中处理 720 h 后，Im13 剩余 36%，通过 C2 位的亲核加成进行降解。用苯基取代 C4 和 C5 位置（Im20）可明显提供更高的稳定性，在相同条件下保留 80% 的阳离子。将 C4/C5 苯基替换为甲基，生成 Im19，进一步提高了稳定性，保留了 87% 的阳离子。

当 C4/C5 位与苯环稠合得到苯并咪唑鎓 Im33 时，在 80 ℃ 下，1 mol/L 和 2 mol/L KOH 中处理 720 h，分别有 91% 和 73% 的阳离子保留。C2 位点的进攻以及去甲基化导致降解。虽然这可能表明苯并咪唑鎓比 C4/C5 位上带有甲基或苯基的咪唑鎓具有更高的稳定性，但咪唑鎓其他位置的取代基可能发挥了作用。Im33 具有 N1/N3- 甲基和 C2- 基取代基，而 Im13、Im20 和 Im19 具有 N- 苄基和 C2- 甲基取代基。由于这些取代差异，无法直接观察到 C4/C5 取代的效果。然而，当 Im29（一种取代模式与 Im33 更相似的阳离子）在相同条件下保留 >99% 的阳离子。这表明，根据其他位点的取代，五取代的咪唑鎓比苯并咪唑鎓更稳定。为了真正比较咪唑鎓类的稳定性，应一次只改变一个取代基。

Holdcroft 比较了三种苯并咪唑鎓（Im32、Im33 和 Im34）和三种 C4/C5- 苯基取代的咪唑鎓（Im23、Im24 和 Im25），它们均具有 N- 甲基取代基和不同的 C2 官能团。比较稳定性时 Im23 和 Im32（均带有 C2 苯基取代）在 3 mol/L NaOD 中，70 wt% CD_3OD/D_2O，80 ℃ 下，C4/C5- 苯基取代的 Im23，240 h 后阳离子剩余 88%，显示出比相应的苯并咪唑鎓 Im32 更高的稳定性，Im32 在不到 1 min 内完全降解。Im24 和 Im33 均具有 C2 取代基，表现出相同的趋势，240 h 后阳离子分别保留 98% 和 69%。相反，当 C2 位被 2, 6- 二苯基取代时，观察到相反的趋势，苯并咪唑鎓（Im34）获得了更高的稳定性。Im25 和 Im34 分别保留了 93% 和 95% 的阳离子。Beyer 发现，在 80 ℃ 的 1 mol/L NaOH（aq）溶液中，苯并咪唑鎓的稳定性低于 C4/C5 氢取代的咪唑鎓。由于 C2- 叔丁基取代，Im35 的半衰期太短，无法测量，Im16 的半衰期为 170 min，而 Im31 和 Im1 的半衰期分别为 46 min 和 880 min，这表明，无论 C2 位有多少取代基，苯并咪唑鎓的稳定性甚至低于 C4/C5 位未取代的咪唑鎓。虽然 C2 和氮取代基可以影响苯并咪唑鎓和咪唑鎓之间的相对稳定性，但总体而言，已发现 C4/C5 位的甲基或苯基取代基产生比未取代的咪唑鎓或苯并咪唑鎓更高的碱性稳定性。

6.1.7.3 N1/N3 取代

发现 N 原子的取代可明显调节咪唑鎓化合物的碱性稳定性。除了 N1 和 N3 取代基上本身可能发生的任何降解外，N1 和 N3 位置上的取代基还可影响 C2 位置上的亲核进攻速率。

Yan 和同事在 80 ℃ 的 2 mol/L NaOH/D_2O 中研究了 N1 位带有甲基的咪唑鎓,同时改变 N3 位的取代基。观察到含有异丙基(Im12)氮位置上的正丁基(Im9)或正庚基(Im10)比该位置上有甲基(Im6)的咪唑鎓产生更稳定的咪唑鎓。432 h 后，Im12 和 Im9 剩余 97% 的阳离子，而 Im10 剩余 96% 的阳离子，Im6 剩余 64% 的阳离子。他们将稳定性的提高归因于烷基的立体体积阻止了 C2 位的亲核加成。

在 80 ℃ 的 4 mol/L NaOH/D_2O 中比较 Im12、Im9 和 Im10 的相对稳定性发现，50 h 后分别保留 98%、84% 和 73% 的阳离子。在这些更恶劣的条件下，较长的烷基链 Im9 和 Im10 显示出比具有较短但体积较大的异丙基取代基的 Im12 更低的稳定性。具有更长直链烷基链取代基的咪唑鎓 Im11 在 80 ℃ 的 2 mol/L NaOH/D_2O 中仅 72 h 后只剩余 52% 的阳离子。被长烷基取代基取代的咪唑鎓表现出比异丙基取代的咪唑鎓更低的稳定性的趋势归因于烷基尾部聚集引起的咪唑鎓较低的 LUMO 能量。

Coates 和同事通过用苄基保持 N3 恒定并用甲基、乙基和正丁基取代基改变 N1 位置来比较 N1/N3 取代基的稳定性。在 80 ℃ 下，2 mol/L KOH/CD 中，处理 720 h 后 Im26、Im27 和 Im28 分别剩余 66%、84% 和 86% 的阳离子。这种稳定性随链长增加而增加的趋势可归因于观察到的 α 位 S_N2 进攻程度的降低。此外，没有形成烯烃产物，这表明即使存在 β 氢，霍夫曼消除也不是这些咪唑鎓盐的主要降解途径。

在 80 ℃下的 2 mol/L KOH/CD_3OH 中处理 720 h 后，从 >99% 降至 86%。即使氢氧化物浓度增加至 5 mol/L KOH，720 h 后仍有 >99% Im29 残留，证明了该咪唑鎓的高碱性稳定性。N- 正丁基可提高稳定性，因为它们消除了在苯甲基位置发生的 S_N2 进攻或去质子化的可能性，并且它们保护 C2 位免受亲核加成。这一发现得到了 Yang 等人的进一步支持，他们量化了具有 N- 正丁基或 N- 苄基取代基的咪唑鎓类开环降解程度。当在 80 ℃ 下在 3 mol/L KOH/D_2O 中进行处理时，N- 正丁基取代的咪唑鎓（Im9）在 189 h 后开环降解为 8%，而 N- 苄基取代的咪唑鎓（Im13）仅在 73 h 后开环降解 29%，表明 N- 正丁基比苄基更能有效地阻止 C2 位的进攻。

Holdcroft 还证明了 N- 正丁基的碱性稳定性得到了改善。N- 甲基取代的咪唑鎓 Im24 仅通过去甲基化作用降解。因此，将 N- 甲基基团替换为 N- 正丁基基团（Im30），在 80 ℃下，70 wt% CD_3OD/D_2O 中的 3 mol/L NaOD 中处理 240 h 后，剩余阳离子百分比从 98% 增加到 >99%。Im36、Im37 和 Im40 的比较进一步证明了 N- 正丁基的优势，其中双咪唑鎓上的 N- 甲基逐渐被 N- 正丁基取代，每次取代都会产生更高的稳定性。Im36 全部为 N- 甲基取代，在 80 ℃ 下，在 70 wt% CD_3OD/D_2O 中的 3 mol/L NaOD 中放置 240 h 后，仍保留 94% 的阳离子。通过将一半的 N- 甲基基团替换为 N- 正丁基基团（Im37），稳定性提高到剩余 97% 的阳离子，并且通过将所有 N- 甲基基团替换为 N- 正丁基基团（Im40），稳定性进一步提高，在相同条件下剩余阳离子 >99%。这些结果表明，N- 正丁基是咪唑鎓中氮取代的最佳选择之一，因为它们可以有效防止亲核加成以及脱烷基化，而不引起霍夫曼消除。此外，Holdcroft 发现 N- 乙基和 N- 正丙基也能产生相同水平的稳定性，因为在相同条件下，Im38 和 Im39 分别具有 >99% 和 99% 的剩余阳离子。这与 Coates 的发现一致,即 N- 乙基和 N- 正丁基取代基导致咪唑鎓具有相似的稳定性。

为了阐明半衰期 >10 000 h 的咪唑鎓类化合物的相对稳定性，Holdcroft 在 22 ℃ 下使用 0.5 mol/L 超干 KOH/DMSO/ 冠醚，实施了更严酷的条件。在这些条件下，霍夫曼消除取代去甲基化成为主要降解途径。尽管主要降解途径发生了变化，Im24 的半衰期仍然比 Im30 短。然而，双咪唑鎓（Im36–Im40）在新的低水合条件下表现出有趣的行为，因为半衰期不再与丁基取代基的数量相关。Im36 的半衰期比 Im37 更高，分别为 60 和 40 h，表明丁基降低了阳离子稳定性，但 Im40 的半衰期为 83 h，高于 Im36 和 Im37。此外，由于霍夫曼消除作为降解途径的出现，人们可能认为 N- 乙基取代的咪唑在这些条件下具有最低的稳定性，但 Im38 的半衰期为 50 h，高于 Im37。Im39 表现出最高的半衰期,为 120 h。这些结果意味着 N- 正丙基取代提供了最高的碱性稳定性。总的来说，这项研究表明溶剂的选择如何影响降解速率和机制。虽然能够区分在碱液中高度稳定的阳离子很重要，但结果可能无法准确反映 MEA 操作条件下发生的过程，这是所有模型化合物研究中都存在的一个问题，溶剂的选择可能会加剧这个问题。

6.1.7.4 咪唑阳离子

咪唑鎓是非常模块化的阳离子，C2、N1/N3 和 C4/C5 位置的变化已被证明会影响这些化合物的碱性稳定性。影响咪唑鎓稳定性的因素很多，并且不同测试条件下出现相反的趋势，很难确定此类阳离子的确切稳定性趋势。因此，咪唑鎓稳定性的大致排名如图 6–6 所示。总体而言，C2 取代基通过保护 C2 位免受亲核加成和去质子化以及保护 C2 位来提高咪唑鎓的碱性稳定性。来自 S_N2 进攻的 N1/N3 取代基，尤其是具有 2, 6- 取代基的芳基，似乎能够最好地防止降解，因为具有 α 氢的 C2 取代基（例如甲基）可以进行去质子化（图 6-4B），可能导致进一步降解，特别是在燃料电池操作条件下。用甲基或苯基取代 C4/C5 位无论是否有其他位置的取代，基团都会大大增加咪唑鎓的稳定性，因此，所有未来研究的咪唑鎓都应具有 C4/C5 取代，以更好地提供有关其他位置取代对整体稳定性影响的信息。最后，N1/N3- 位置应被正丁基或异丙基取代，以提供最高的稳定性，因为苄基和甲基取代基易于受到 S_N2 进攻和去质子化（图 6-4C）。遵循上述建议的五取代咪唑鎓在 AEM 中应用时应提供出色的阳离子稳定性。

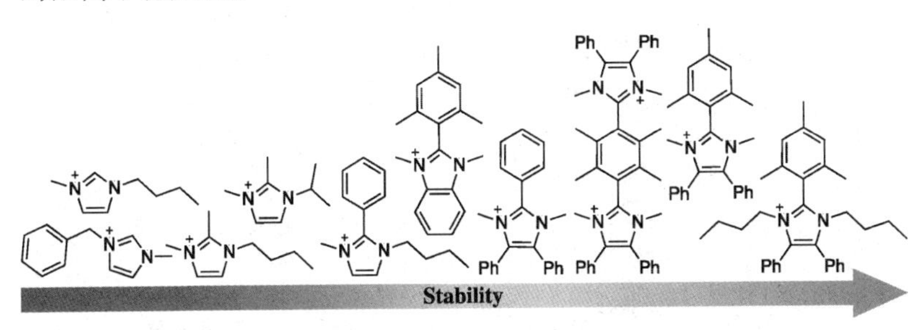

图 6-6　碱性条件下咪唑类阳离子稳定性大致排序

6.1.7.5　鏻阳离子

一些研究表明，鏻阳离子可能是季铵阳离子更稳定的替代品（图 6-7）。Yan 和同事观察到，在 80 ℃ 的 2 mol/L KOH/CD_3OD 中，处理 96 h 后 P1 剩余 97% 的阳离子，而 BTMA 和 QA15 分别剩余 49% 和 77% 的阳离子。然而，在 Coates 和同事的一项研究中，P2 的稳定性比其四元化合物低得多。

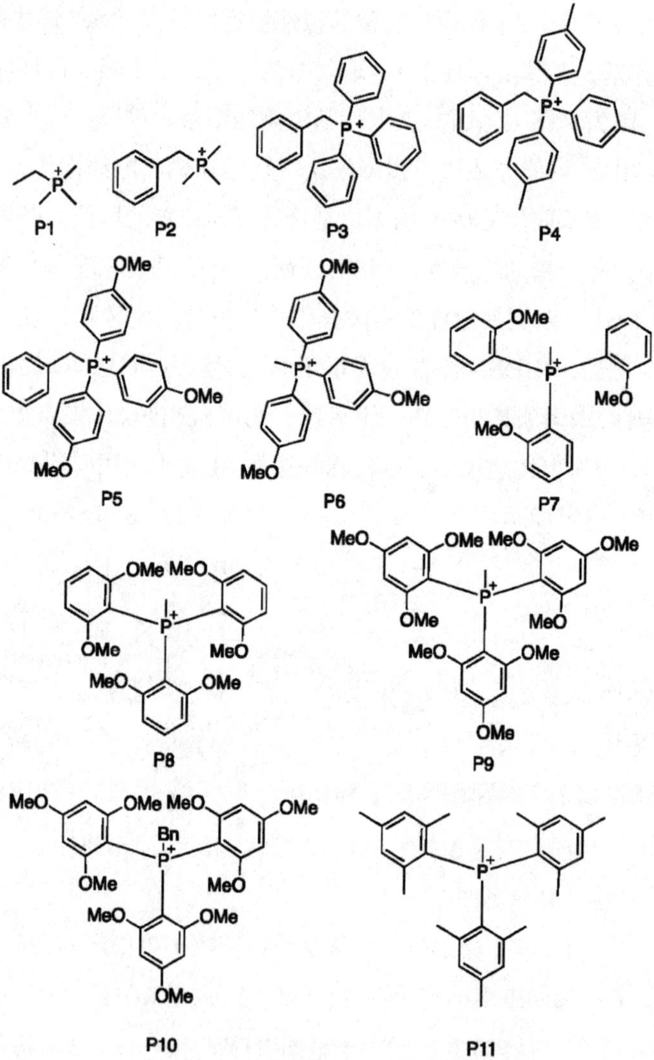

P1 P2 P3 P4 P5 P6 P7 P8 P9 P10 P11

图 6-7 本文讨论的鏻（P）的命名方案

铵类似物 BTMA，在 80 ℃ 的 1 mol/L KOH/CD_3OH 中 处理 120 h 后，通过膦氧化完全降解，也称为 Cahours-Hofmann 反应（图 6-8A）。Yan 和同事对 P3 的稳定性进行了研究，P3 是一种带有芳香基团而不是甲基取代基的鏻，其在 20 ℃下 CD_3OD 的 1 mol/L KOD 中主要通过膦氧化（图 6–8A）快速降解。Yan 表明，用对甲苯基取代鏻上的苯基，得到 P4，提高了鏻的稳定性，其完全降解的时间从几分钟增加到 6 h。在芳环的对位添加给电子基团导致 P4 相对于 P3 的稳定性增加。因此，将甲基交换为甲氧基（一种更给电子的物质）应该会使阳离子的稳定性更高。与预测趋势一致，P5 在 CD_3OD/D_2O（V/V=5/1）的 1 mol/L KOD 中于 20 ℃ 下表现出长达 87 h 的延长稳定性。虽然通过在芳基取代基的对位添加给电子基团改善了鏻的稳定性，但在高温下降解仍然很快。P6 是一种与 P5 非常相似的鏻，在 80 ℃下，CD_3OD/D_2O（V/V=5/1）的 1 mol/L KOD 中 4 h 后仅显示出 1% 的阳离子剩余。

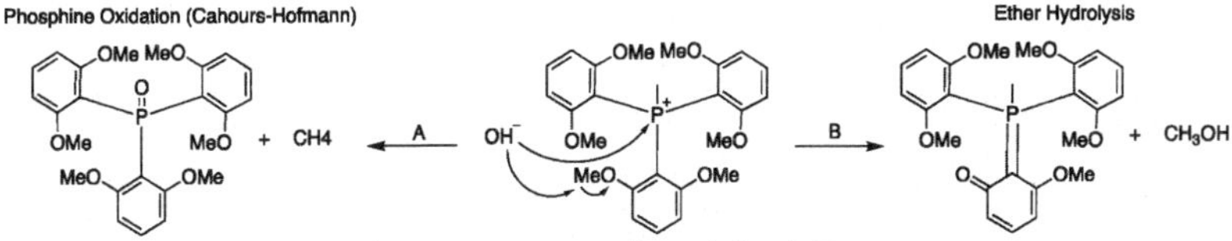

图 6–8　鏻阳离子降解途径

在芳基 P7 的邻位（而不是对位）添加给电子基团，导致其在 CD_3OD/D_2O（V/V=5/1）的 1 mol/L KOD 中的碱性稳定性略有提高，在 80 ℃ 下，经过 8 h 还有 13% 的阳离子剩余，且仅通过磷化氢氧化降解（图 6–8A）。二邻位甲氧基取代的鏻 P8 的稳定性比 P7 有所提高，经过 960 h 还有 13% 的阳离子剩余，降解时间增加了 120 倍，表明芳基上的甲氧基取代导致鏻阳离子的稳定性更高。然而，P8 观察到了一种新的降解机制，它是通过膦氧化（图 6–8A）和醚水解（图 6–8B）来降解的，这是由于环上甲氧基的进攻以及随后的酮重排造成的。这种新的降解途径的出现，实现了更高的稳定性，这可以通过添加给电子基团减少膦氧化来证明。

三甲氧基取代的芳环产生更高的碱性稳定性，因为 P9 在

CD_3OD/D_2O（V/V=5/1）的 1 mol/L KOD 中，80 ℃下处理 960 h 后仍保留 28% 的阳离子，是二取代鏻 P8 保留的阳离子百分比的 2 倍多。用对－苄基（P10）代替对－甲基在 CD_3OD/D_2O（V/V=5/1）的 1 mol/L KOD 中 80 ℃下处理 960 h 后表现出类似的稳定性，剩余 21% 的阳离子。虽然 P9 通过膦氧化（图 6–8A）和醚水解（图 6–8B）的混合方式降解，但 P10 仅通过醚水解降解（图 6–8B）。这一发现与 Coates 及其同事的一项研究一致，其中 P10 在 80 ℃下的 1 mol/L KOH/CD_3OH 中 处理 720 h 后显示出 67% 的阳离子剩余，且乙醚水解（图 6–8B）是观察到的唯一降解途径。这些发现表明磷鎓上的苄基取代基可完全防止膦氧化（图 6–8A）。然而，尽管有两种可能的降解途径，但 P9 的降解较少。这表明苄基 P10 中的取代基导致醚水解速率更高（图 6–8B）。

为了避免醚水解（图 6–8B）作为潜在的降解途径，Yan 将 P9 上的甲氧基替换为甲基，这仍然提供足够的电子供给以防止膦氧化（图 6–8A），而没有醚水解的可能性（图 6–8B）。所得 P11 的碱性稳定性显著增加，在 CD_3OD/D_2O（V/V=5/1）中，即使处理 5000 h，82% 的 P11 阳离子仍然存在。这说明在芳基取代基上添加甲基成功地防止了醚水解（图 6–8B）且磷化氢氧化（图 6–8A）是观察到的唯一降解途径。用苄基取代基取代鏻上的甲基取代基可以产生更稳定的鏻，因为苄基取代基可以更好地防止膦氧化，芳基取代基上的甲基不能进行醚水解。不幸的是，这种鏻无法合成。

Yan 和 Coates 的研究表明，采用富含电子的大体积芳环可以降低膦氧化的影响（图 6–8A）。甲氧基可以增强芳环上的电子密度，但它们也可以允许醚水解降解（图 6–8B）。为了减轻两种降解机制的影响，用甲基取代芳香族取代基是提供最高稳定性的最佳折中方案。

6.1.7.6　四氨基鏻阳离子

四氨基鏻阳离子为提高鏻阳离子的稳定性提供了可行的选择，因为正电荷在鏻和氨基取代基之间离域（图 6–9）。当在 80 ℃ 下，2 mol/L KOH/CD_3OH 中处理 720 h 时，没有观察到 TP1 或 TP2 降解。然而，在相同的条件下，P10 只有 38% 的阳离子得以保留。这一结果强烈表明氨基取代基可有效稳定鏻阳离子。为了评估四氨基鏻的相对稳定性，需要更苛刻的条件，因为上述条件不足以诱导任何可观察到的降解。

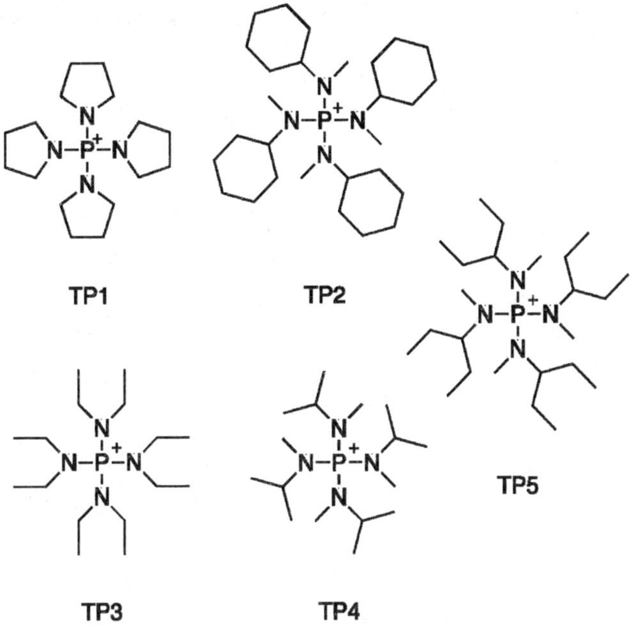

TP1　TP2　TP5　TP3　TP4

图 6–9　本书讨论的四氨基鏻（TP）的命名方案

升高温度和使用较低介电常数的溶剂可以促进碱性介质中更快的降解。为此，Noonan 和同事使用甲基卡必醇作为溶剂与 KOH 结合，在高温下使这些高度稳定的四氨基鏻快速分解。作者指出，磷中心周围的空间拥挤度不断增加，以及 β－氢的保护可提高这些阳离子在该介质中的稳定性。例如，最小的阳离子（TP1）在 120 ℃下 2 mol/L KOH/ 甲基卡必醇中 处理 4 h 后完全降解。氧化膦是观察到的唯一降解产物，表明通过直接进攻 P 原子而分解。TP3 带有二乙氨基侧基而不是吡咯烷基，表现出更高的稳定性，并且需要更高的温度才能快速分解，这可能是由于 P 中心的空间保护增加。在 160 ℃下，2 mol/L KOH/ 甲基卡必醇中处理 4 h 后，TP3 仍然几乎完全降解（剩余 12% 阳离子），其中 66% 的降解是由于霍夫曼消除（图 6–10）造成的，21% 的降解是由于磷化氢氧化（图 6–10A）造成的。

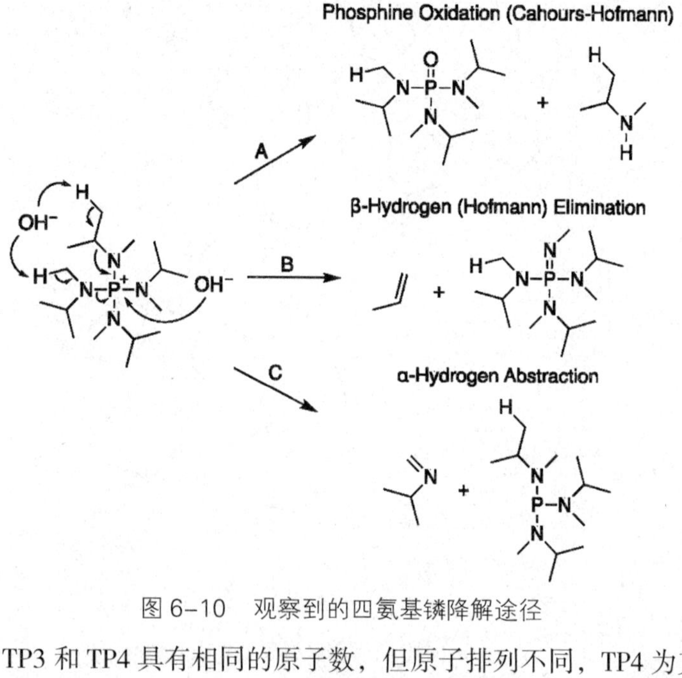

Phosphine Oxidation (Cahours-Hofmann)

β-Hydrogen (Hofmann) Elimination

α-Hydrogen Abstraction

图 6–10　观察到的四氨基鏻降解途径

TP3 和 TP4 具有相同的原子数，但原子排列不同，TP4 为支链烷基。TP4 比 TP3 更稳定，在相同的测试条件下保留 37% 的阳离子。对于 TP4，霍夫曼消除（图 6–10B）略有下降，从 66% 降至 57%，而磷化氢氧化（图 6–10A）从 21% 显著降低至 5%。这归因于支链烷基增加了 P 原子的空间保护。具有较长支链烷基取代基的 TP5 在

160 ℃下，2 mol/L KOH/ 甲基卡必醇中表现出更高的稳定性，通过β -H 位点的空间封闭降低了霍夫曼消除的倾向（图 6–10B）。4 h 后，大约有 57% 的 TP5 剩余。最后，TP2 在这些加速降解条件下表现出最高的稳定性，在 160 ℃下处理 4 h 后剩余 76% 的阳离子。除了环己基所施加的空间保护之外，观察到的更高稳定性可归因于氨基被锁定在环己烷环上的赤道位置，使得霍夫曼消除（图 6–10B）所需的反平面构型变得不利。

6.1.7.7　膦酸盐

总体而言，已经表明，改变鏻取代基的空间和电子性质会影响碱性稳定性，并且鏻稳定性的大致排名如图 6–11 所示。芳基取代基上的给电子基团的并入降低了膦氧化的影响（图 6–8A）。虽然甲氧基取代基是减少膦氧化的最佳给电子基团，但它们很容易因醚水解而降解（图 6–8B）。四氨基鏻具有极高的碱性稳定性，因此仅在极其苛刻的碱性条件下才会观察到降解。在这些条件下，如果磷中心没有足够的空间保护，磷可能会发生磷化氢氧化（图 6–10A）。

如果有易接近的 β – 氢，则胺取代基上可发生霍夫曼消除（图 6–10B）。当这两种降解机制都被充分阻断时，如 TP2 的情况，α – 氢消除可以作为降解机制出现（图 6–10C）。尽管基于四氨基鏻的 AEM 的例子并不多，但它们是稳定膜的优异阳离子候选者，并且有必要进行更多研究。

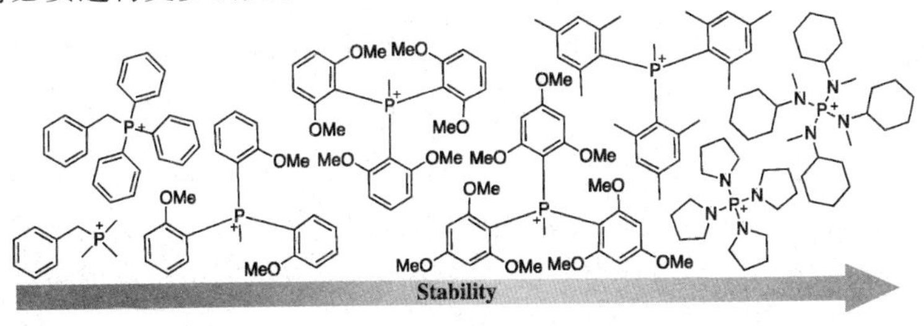

图 6–11　碱性条件下鏻稳定性的大致排序

以上内容讨论了许多有机阳离子及其在一系列条件下各自的稳定性，尽管对于最佳阳离子尚未达成普遍共识，但应考虑在 AEM 中进一步研究和实施一些候选阳离子。季铵、哌啶鎓，特别是螺环哌啶鎓结构，例如 QA25，是最有前途的，但与 TMA 相比，融入聚合物更具挑战性。在咪唑鎓的情况下，C2 位上的 2，6- 二甲基苯基与 C4/C5 位上的甲基或苯基取代以及 N1/N3 位上的丁基配对，Im29、Im30 和 Im40，应引起最高的稳定性。在不影响聚合物性能的情况下，将此类化合物掺入 AEM 聚合物中可能具有挑战性，特别是需要掺入多少阳离子才能实现合理的离子交换容量还需要进一步研究。四氨基磷，例如 TP2，也是高度稳定但体积庞大的阳离子，如果很好地融入聚合物中，应该会产生碱稳定的 AEM。对于未来的模型化合物稳定性研究，一次改变一个取代基非常重要，这样能够提供清晰的结构稳定性。

该领域使用标准协议也至关重要，以便不同研究小组之间的结果可以进行比较。这可能具有挑战性，因为阳离子溶解度和稳定性仅使用一组条件可能是不可行的。我们建议在多组条件下研究每组阳离子，以获得一系列条件下阳离子稳定性的完整图像，然后，至少一组条件将与该领域的其他研究相匹配，从而使阳离子研究在不同群体之间更具可比性。在可用的方案中，只要阳离子可溶，应将 0.05 mol/L 阳离子在 80 ℃ 溶解在 2 mol/L KOH 中作为条件。0.05 mol/L 阳离子在 80 ℃ 溶解在 2 mol/L KOH/CD_3OH 中应用作轻微加速条件，因为与水相比，更多的有机阳离子可溶于甲醇，并且甲醇是 AEMFC 的潜在燃料。对于极度加速条件，应将 0.5 mol/L 阳离子在 80 ℃ 下溶解在 2 mol/L KOH/ 甲基卡必醇中，因为该溶剂具有低介电常数并且仍然是质子溶剂，以便比非质子溶剂更好地模拟水性条件。确定降解机制在脱水条件下保留氢氧根阴离子的同时，可以在 80 ℃ 下实施两相法，例如 0.05 mol/L 阳离子、50 wt% NaOH/H_2O 和氯苯。受青睐的降解机制可能会随着溶剂的变化而变化，在确定哪些取代可以提高阳离子稳定性时必须考虑到这一点，但在多种溶剂系统中测试阳离子应该会使这些趋势更加清晰。

温度应保持恒定，以免改变更多可能改变降解机制或偏离实际 AEMFC 条件的因素。任何 NMR 研究都应在密封管中进行，以防止可能有助于确定降解途径的挥发性降解产物的损失。应使用内标来量化降解，而不是阳离子上的“不稳定”氢，因为即使不直接参与降解的氢也可能会发生变化。在添加到 NMR 管之前，可以将内标密封在毛细管中，以确保其不会降解。只有不稳定的质子才应在溶剂中进行氘化，并与 NMR 中的溶剂抑制相结合，以便任何不稳定的质子都可以在溶剂中氘化。阳离子降解的信号不会因氘交换而丢失。虽然并非每个模型阳离子研究都能适应这些实验参数，但如果可能的话，应研究和报告多种降解条件，以确定相对阳离子稳定性，从而确定纳入 AEM 的良好候选条件。此外，模型研究只能预测阳离子合并到聚合物主链中时的稳定性，而真正进行比较的唯一方法是直接研究 AEM。

6.2　膜特性和性能

在合成用于 AEM 的新型聚合物时，必须考虑主链、阳离子和束缚基团的选择。AEM 通常是共聚物，具有提供机械完整性的绝缘链段和促进阴离子在材料中移动的离子基团。聚合物形态将受到合成聚合物（统计、嵌段、交联网络）选择的影响，从而影响膜性能［例如机械稳定性、碱性稳定性、离子交换容量（IEC）和吸水率（WU）］。当将膜/离子聚合物与 MEA 中的电催化剂集成时，所有这些特征都至关重要。

一般来说，膜的离子含量与其 WU 之间存在固有的权衡，这对机械耐久性和电导率具有传播作用；随着离子含量的增加，膜对离子的亲和力增加过量的水含量可能会稀释离子的有效浓度，导致膜的离子电导率降低。此外，过量的水会导致机械不稳定。相反，水太少有可能抑制氢氧根在整个膜中的传输，并导致离子电导率降低。

当尝试优化 WU 和 IEC 时，有多种方法可用于控制聚合物膜的性能。这些包括共聚单体、阳离子单体的选择以及两者的相对浓度。交联聚合物膜是另一种有效的方法，它可以使聚合物链段硬化并降低网格尺寸（两个聚合物链之间的距离），从而排除水并增强机械性能。虽然 WU 的有害影响因聚合物而异，但在 WU 含量低于 100 wt% 的膜中往往会发现机械完整性和性能的平衡，因此在设计新型 AEM 时应严格考虑这一点。

对聚合物主链的特性和性能的研究对于确定用作 AEM 的最佳材料至关重要。主链柔性、玻璃化转变温度、立体 / 区域规整性和结构异构等因素决定了 AEMFC 运行的重要特性。这些主链特性明显影响加工参数，例如成膜、热机械行为和形态，进而影响氢氧化物电导率和膜在水中的膨胀。已采用多种聚合物主链，包括聚（亚芳基醚）（PAE）、聚（亚芳基醚砜）（PAES）、聚亚苯基（PP）、聚芴（FLN）、聚苯乙烯（PS）、聚乙烯（PE）和聚降冰片烯（PNB）。PAE 和 PAES 中杂原子键的存在已被证明会降低碱性稳定性，因为这些聚合物的醚键容易受到亲核进攻。因此，我们将主要关注由芳香族和脂肪族烃主链组成的 AEM 的特性和性能，并重点介绍聚合物结构、稳定性和加工性能方面的具体优点和缺点。下面介绍几个对于 AEMFC 聚合物设计不可或缺的概念。

6.2.1　成膜

AEM 聚合物膜所需的最基本特性是形成机械坚固的薄膜。成膜取决于聚合物的固有特性，例如主链类型、分子量（MW）、玻璃化转变温度（T_g）、结晶度、交联剂或增塑剂的存在以及加工条件。例如，由于缺乏抵抗变形所需的链缠结，低分子量聚合物的成膜性能和机械完整性往往较差。虽然聚合物中的结晶度通常会改善机械性能，但尚未广泛研究结晶度对 AEM 性能的直接影响。Treichel 等人的认为一系列鏻基 ROMP 降冰片烯聚合物的结晶度会影响 WU。然而，预处理和后处理步骤（交联、退火和机械变形）会影响最终的聚合物膜，因此，很难检查结晶度对成膜和膜性能的影响。

溶剂浇铸要求聚合物体系可溶，最好能溶解在多种溶剂中，以获得最佳的成膜机会。由于溶剂界面处的传质动力学，选择蒸发过快的溶剂会导致不均匀的成膜。因此，应选择中高蒸气压溶剂（例如氯苯、四氯乙烷、DMSO）用于更好地控制阳离子 AEM 中的这种现象。一些生产阳离子膜的方法在已经流延的薄膜上利用后会使聚合功能化（PPF）。在这种情况下，可以使用更广泛的溶剂来浇铸聚合物，因为阳离子聚合物往往比其未官能化的前驱体溶解度更低。溶液黏度是用于控制聚合物薄膜的厚度和均匀性的另一个参数，对于获得可重复的结果而言是非常重要的。其他更复杂的技术，如流延、浸涂、狭缝模涂、旋涂也可用于生成大面积且均匀的膜。然而，每种技术都有其自身的挑战和需要优化的参数，但如果正确了解聚合物溶液特性，则可能会很有用。

交联将通过形成刚性网络来增加聚合物的机械强度（例如，模量、断裂伸长率、断裂应力）。此外，交联可以防止聚合物膨胀，并且是减少 AEM 中水的不利影响的直接方法。然而，过多的交联可能会导致机械故障和材料不适合 AEMFC 实施。有许多化学方法可用于合成交联材料，例如 Diels - Alder、基于自由基的硫醇烯点击化学，或使用附加到聚合物支架或添加到聚合物支架上的 UV 敏感分子进行 UV 促进交联，引发交联后聚合。然而，每种功能化方法还需要研究碱性稳定性，以确保交联部分不会在高 pH 值下长时间降解或发生进一步反应。AEM 领域的另一种流行方法是使用双官能分子或聚合物进行交联，该分子或聚合物将在沿着聚合物链的侧基上发生反应，形成交联网络。明智地选择交联部分甚至可以通过选择同时产生阳离子基团和交联的官能团来帮助氢氧根传输。Kohl 和他的同事经常使用这种技术，通过在后聚合浇铸方法中使 N，N，N，N- 四甲基六亚甲基二胺（TMHDA）与悬垂的烷基卤化物反应，产生交联聚合物膜，并进一步添加阳离子含量以增加所得材料的 IEC。

反应浇铸在聚合过程中加入交联剂或改性剂以形成坚固的薄膜。交联 AEM 通常通过两步过程制造：① 浇铸含有交联部分的聚合物膜，该交联部分连接到聚合物上或作为小分子添加剂添加；② 使用一些外部刺激（例如，热、光、pH）以诱导聚合物膜交联。Coates 和同事经常使用这种技术通过开环复分解聚合（ROMP）合成交联聚烯烃基 AEM。例如，将二环戊二烯添加到功能性降冰片烯单体的混合物中，可以在聚合过程中发生交联，并且可以在浇铸盘中进行，一步即可产生机械坚固的膜。虽然该方法可用于快速制造对于均质交联膜，由于不可逆的交联反应，该方法仅允许一次尝试制造薄膜。由于聚合 / 交联反应期间不完全混合或扩散限制的传质，可能会出现进一步的批次间差异。相反，增塑剂将通过有效降低聚合物膜的 T_g 来提高聚合物的加工性能。当使用需要较低 T_g 来制造薄膜的熔融加工等加工技术时，这将使操作更容易。所以，聚合物的合成设计必须充分考虑，以促进有助于成膜和改善聚合物其他性能。最后，熔体压制是制造通常不溶的薄膜的常用技术。该技术使用两个加热板向聚合物样品施加压力。以这种方式加工的聚合物需要具有较低的熔化转变温度（T_m）和 T_g，以便在施加压力时引起分段运动。PE 基聚合物往往是不溶的，可以通过这种方式进行加工，但熔体压制可用于具有良好热性能的各种系统。

6.2.2　热机械性能

AEM 良好的热性能对于加工成薄膜、机械完整性和潜在的氢氧化物传输非常重要。虽然还没有任何研究直接表明 T_g、结晶度或氢氧化物传输的机械行为之间的联系，但这些因素应与传输特性一起考虑。有许多方法可以表征 AEM 的热性能和机械性能，例如差热法（DSC）、热重分析（TGA）、动态机械分析（DMA）、流变学和拉伸测试。DSC 通常用于阐明聚合物的热转变 [即 T_g、T_m 和结晶温度（T_c）]，并表征聚合物的结晶度。然而，Kohl 和同事通过对水合样品进行实验，证明了使用 DSC 进一步表征溶胀特性的可能性。将温度降低到水的冰点以下，使用 DSC，可以量化“非生产性”游离水（未与阳离子结合的水），并帮助描述溶胀行为方面的离子传输现象。TGA 用于通过测量随温度变化的质量损失来量化聚合物的热稳定性。大多数报告使用聚合物质量损失 5% 时的温度作为报告热稳定性的指标。DMA、流变学和拉伸测试主要用于了解干燥薄膜（更重要的是水合薄膜）的机械完整性，以考虑 AEM 在燃料电池运行期间的可行性。

6.2.3　形貌的影响

AEM 应该进一步研究的一方面是微相分离以及由此产生的聚合物形态对电导率的影响。一些报告表明，多嵌段共聚物有利于氢氧根传输，因为形成了促进离子传输的有序相。尽管人们认为双连续形态将极大地增强传输，但系统地研究形态对氢氧化物传输的影响仍然很困难。

对目前用作 AEM 的聚合物的散射（SAXS）和扫描透射电子显微镜（STEM）分析表明存在离子聚集体。聚合物形态提供了一种调节聚合物性能和离子传输行为的方法，其对 AEM 性能的影响必须进一步研究。Lin 和同事最近回顾了 AEM 中微相分离的影响，并进一步深入了解了与嵌段共聚物 AEM 的实施相关的工作和具体挑战。

6.2.4 聚（亚芳基）(PA）骨架

聚（亚芳基）(PA）主链，例如聚（三联苯）(PTP)、聚（联苯撑）(PBP)、聚（亚芳基咪唑鎓)、聚（苯并咪唑）(PBI）和聚（芴）(FLN）在 AEM 中使用很有意义，因为它们是很好的成膜剂，并且可以通过缩聚或金属催化偶联轻松合成，然后通过 PPF 掺入阳离子。许多关于亚芳基主链的研究考查了聚合物主链结构、交联和阳离子连接体长度对膜性能（例如微相分离和离子电导率）的影响。了解聚合物结构、形态和膜特性之间的关系对于提高 AEM 性能至关重要。

6.2.4.1 聚（苯撑）(PPs）

在对 m-PP1、p-PP1 和 PP2-65 的研究中（图 6-12），Bae 和同事探索了聚合物主链结构对通过烷基连接体被三甲基铵取代的聚亚苯基膜的形态和电导率的影响。所有三种膜均表现出显著的碱性稳定性。

在 95 ℃下 1 mol/L NaOH 中 处理 720 h 后，降解迹象可以忽略不计。尽管具有相似的 IEC，m-PP1、p-PP1 和 PP2-65 在 80 ℃ 时的电导率分别为 112、81 和 88 mS/cm。然而，与峰值功率密度（PPD）

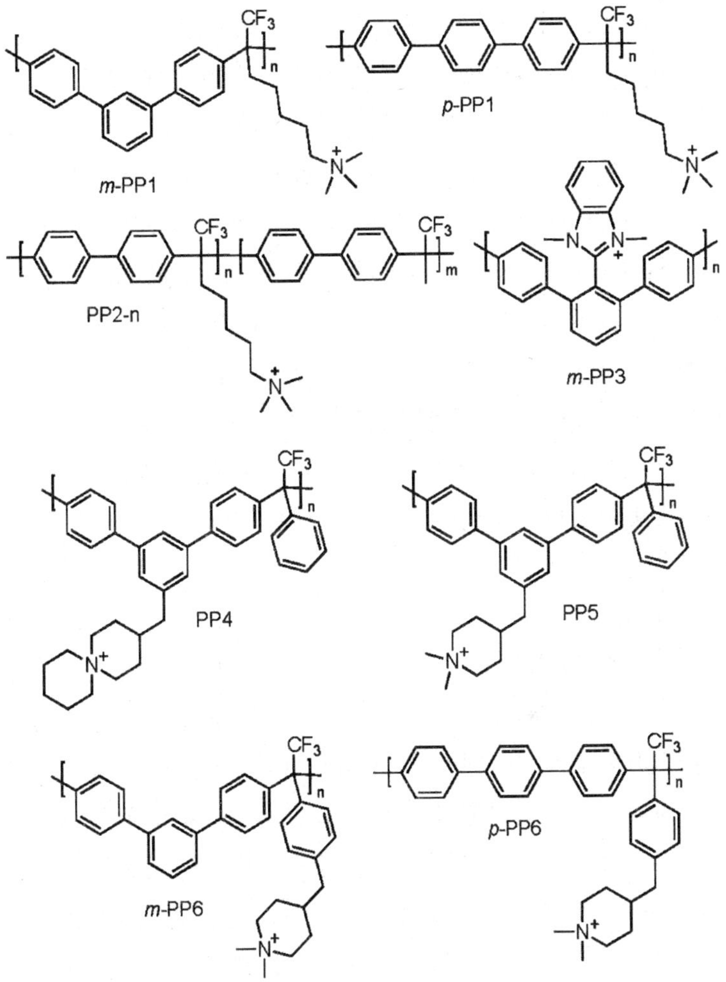

图 6–12　聚（苯撑）的命名方案

相对较低的 MEA 相比，m–PP1、p–PP1 和 PP2–65 之间仅存在轻微差异。这可能是由于需要 MEA 优化。m–PP1 较高的电导率和 PPD 可能归因于通过 SAXS、广角 X 射线散射（WAXS）和透射电子显微镜（TEM）观察到的微相分离和聚合物自组装，但到目前为止还未观察到这一点适用于 p-PP1 或 PP2-65。

Jannasch 和同事通过一系列螺环和哌啶鎓取代的聚（三联苯亚烷）进一步研究了主链结构和阳离子的影响。他们通过单体缩聚，然后对所得聚合物进行季铵化，制得 PP4、PP5、m-PP6 和 p-PP6，如图 6-12 所示。PP5 的电导率是 PP4 的 2 倍，在 80 ℃ 时分别为 107 和 51 mS/cm。m-PP6，其阳离子位于三氟苯乙酮单元上，表现出膜的最高氢氧化物电导率，在 80 ℃ 时为 146 mS/cm，表明将阳离子放置在聚合物主链上可以使性能产生显著差异。m-PP6 与 p-PP6 的比较展示了主链刚性如何影响电导率，因为 p-PTP 主链比 m-PTP 刚性更强，这导致电导率在 80 ℃ 时下降至 103 mS/cm。在相同条件下 Bae 也观察到电导率从 m-PP1 到 p-PP1 下降。灵活性对于促进离子迁移率非常重要，并且可以通过选择阳离子、主链位置和主链结构来诱导。

此外，将哌啶鎓结合到刚性聚亚芳基主链中，得到聚（对三联苯哌啶鎓），尽管 IEC 较高，但氢氧化物电导率普遍较低。在哌啶鎓取代中，两个 N 甲基（Me-PPip1）、一个 N- 甲基和 N- 丁基（BuPPip1）、N- 己基（Hex-PPip1）或 N- 辛基（Oct-PPip1）（图 6-13），Hex-PPip1 表现出最高的电导率，优于悬挂的阳离子类似物（p -PP6），20 ℃ 时分别为 47.9 和 38 mS/cm。观察到的较高电导率可能部分归因于长烷基链取代的聚合物的形态变化。虽然 Me-PPip1 的电导率不是最高的，在 20 ℃ 时为 36.9 mS/cm，在 80 ℃ 时为 89 mS/cm，但它确实表现出最高的稳定性，在 90℃下，2 mol/L NaOH 中处理 720 h 后阳离子降解率低于 10%。这些材料很大程度上通过开环消除而降解，可能是由于刚性聚合物主链通过将哌啶鎓锁定为不稳定构象而使其不稳定。

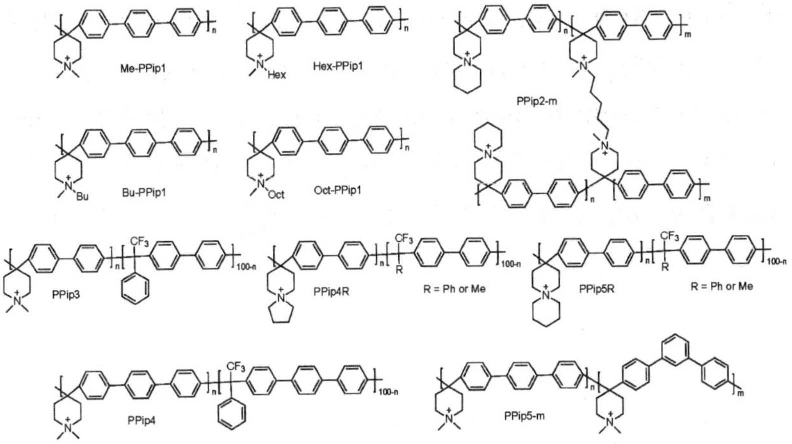

图 6-13 聚（对三联苯-哌啶鎓）和聚（联苯-哌啶鎓）的命名方案

Zhuang 和同事还合成了 Me-PPip1（图 6-13），在 30 ℃ 和 80 ℃ 下氢氧化物电导率分别为 49 和 137 mS/cm。观察到的较高电导率可能部分归因于测量方法。Jannasch 测量电导率时，将膜浸没在测量前处于氮气饱和的水中，而 Zhuang 在现实的燃料电池测试装置中进行测量，并加入加湿的 N_2，以避免任何干扰 CO_2 的测量结果。他们还观察到 Me-PPip1 具有更高的碱性稳定性，在 80 ℃下，1 mol/L 和 3 mol/L NaOH 中处理 5040 h 后，分别仅观察到 4% 和 16% 的阳离子降解。当 Me-PPip1 用于 MEA 时，PPD 为 1.45 W/cm^2，且实现了在高性能和稳定性工作电压为 0.62 V，空气温度为 80 ℃，不含 H_2/CO_2 的条件下稳定 125 h。

Yan 和同事通过三氟苯乙酮和 N-甲基-4-哌啶酮与联苯或对三联苯反应生成一系列 PPip3-n 和 PPip4-n 共聚物，其中 n 是阳离子单元的数量（图 6-13）。三氟苯乙酮的引入可以通过改变共聚单体进料比来获得更高的分子量和可调的 IEC。尽管具有与 PPip3-70 相似的 IEC，但 PPip4-85 在该系列研究的聚合物中实现了最高电导率，20 ℃ 时为 78 mS/cm，95 ℃ 时为 193 mS/cm。此外，在 100 ℃

的 1 mol/L KOH 中放置 2000 h 后，没有观察到 PPip4-85 的电导率损失，这表明该材料不仅具有高导电性，而且具有高碱稳定性。由于 MPBP-100-BP 在 IPA/H_2O 溶液中的溶解度，因此使用 MPBP-100-BP 作为离子聚合物，并使用 PPip4-85 作为膜组装 MEA。所得 MEA 在 95 ℃、无 H_2/CO_2 的空气模式下实现了 0.92 W/cm^2 的 PPD。当在 95℃下电流密度为 0.5 A/cm^2 时，MEA 在运行 250 h 后电压损失为 11.5%。

Jannasch 及其同事使用相同的缩聚方法与三氟苯乙酮或三氟丙酮合成了一系列 N- 螺环聚（联苯哌啶鎓）。所有 IEC 为 1.81~2.00 的膜在 80 ℃ 时表现出相似的电导率。尽管 PPip4Ph 和 PPip5Ph 的 WU 是 PPip4Me 和 PPip5Me 的 2 倍，但仍为 94 和 102 mS/cm。掺入 PPip5Ph 和 PPip5Me 中的螺环哌啶在模型化合物研究中表现出优异的稳定性，但掺入刚性联亚苯基主链促进了霍夫曼消除，这一点可以通过在 2mol/L 中处理 720 h 后明显降解来证明。

相反，当 Zhu 等人制作了一系列 N- 螺环聚（联苯哌啶鎓），发现在 80 ℃下的 3 mol/L NaOH 中处理 2000 h 后，阳离子仅降解 5%~9%，进攻发生在侧链和主链环。在此系统中，通过实施阳离子交联架构（图 6-13 中的 PPip2-m），在不改变 IEC 的情况下改变交联密度，其中 m 是交联百分比。膜的合成交联度为 0%、4.2%、8.4% 和 15%。他们发现，WU 和溶胀度随着交联密度的增加而降低，其中非交联膜在测量过程中破裂，而交联膜保持完整。有趣的是，PPip2-8.4 膜在 80 ℃ 时表现出最高的电导率，为 116.1 mS/cm。作者将这一发现归因于 TEM 和原子力显微镜（AFM）检测到 PPip2-8.4 的独特微相分离。同时他们提出，由于 AFM 观察到的极端表面相分离，PPip2-15 的电导率较低。PPip2-8.4 观察到的低 MEA 性能（PPD 为 0.087 W/cm^2）归因于膜的高欧姆电阻，表明需要进一步优化膜，但该膜表现出良好的导电性和稳定性。

Mayadevi 等人合成了一系列主链中具有不同比例的对三联苯和间三联苯单元的聚（三联苯哌啶）(PPip5–m)。具有相同的对三联苯和间三联苯掺入量，PPip5–50 的氢氧化物电导率在 20 ℃ 时为 53.5 mS/cm，在 80 ℃ 时为 130 mS/cm。尽管具有相似的实验 IEC，但仍高于 PPip5–20 和 PPip5–60 所表现出的电导率。PPip5–50 还具有最明显的 SAXS 衍射图案，这归因于其长程有序的形态和连续的离子通道，这可能导致电导率增强。AFM 显示膜中离子域的大小随着间三联苯单元掺入量的增加而增加，因为间三联苯的扭结结构比对三联苯单元在膜中产生更多的自由体积。有趣的是，间三联苯和对三联苯单元的相等结合产生了最好的膜，因为 Bae 和 Jannasch 都发现基于聚（间三苯撑）的膜在各自的系统中具有最高的电导率。鉴于这些发现，比较聚（间三联苯 – 哌啶）以及间三联苯和对三联苯的组合在其他体系中的性能的研究将是有益的。

6.2.4.2　聚（亚芳基咪唑鎓）

为了将苯并咪唑鎓附加到聚（间三联苯）主链（m–PP3）上，Holdcroft 和同事通过 C2–2，6– 二溴苯基取代的苯并咪唑与（4– 氯苯基）硼酸的交叉偶联合成了一种单体。该单体通过 Yamamoto 偶联聚合，所得聚合物被甲基化，产生极强的阳离子膜，拉伸强度为 72 MPa，IEC 为 2.56 me quiv/g，具有 13.2 mS/cm 的适度氢氧化物电导率。将膜在 80 ℃ 的 2 mol/L KOH 中浸泡 168 h 后，仅观察到 5% 的降解。该膜通过六个步骤合成，以生产具有适度电导率和合理稳定性的苯并咪唑鎓取代的 AEM。

虽然阳离子通常束缚在聚合物主链上，但它们也可以并入主链中。Holdcroft 还合成了一系列聚(亚芳基苯并咪唑)，如图 6–14 所示。其中季铵化度（dq）为 92% 的 PIm2 的氢氧化物电导率为 9.7 mS/

cm，季铵化度为 95% 的氯化物观察到 15 mS/cm 的电导率。测量氯化物电导率以避免任何可能干扰氢氧化物电导率测量的碳酸氢盐形成。然而，如果 95% dq 膜被加热到 22 ℃ 以上，或者如果 100% 的氮原子被甲基化，膜在 22 ℃ 时就会变成水溶性，这表明需要在最大化 IEC 和保持机械完整性之间取得平衡，交联用于增强更高 IEC 膜的机械完整性，从而形成 PIm2-XL。交联度为 15%、总 dq 为 95% 和 100% 时，80 ℃ 时的氯化物电导率分别为 30 和 35 mS/cm。虽然这些膜具有机械强度，但在 80 ℃ 下暴露于 3 mol/L KOH 后，它们的电导率损失了 85%~95%，这表明需要一种对碱更稳定的替代品。

在模型化合物研究中，五取代咪唑鎓阳离子显示出比苯并咪唑鎓更高的稳定性，并被选择用于掺入聚亚芳类聚合物支架中。Holdcroft 通过双苯偶酰、二醛单体和过量乙酸铵的微波缩聚反应，然后将所得咪唑基团甲基化，合成了聚亚芳基咪唑（PIm3）薄膜。PIm3 薄膜在 25 ℃时不溶于水。但在 80℃时，膜缓慢溶解。在碱性水溶液中（10 mol/L KOH），薄膜在 100 ℃ 下仍不溶解，168 h 后未观察到降解。当 PIm3 应用于 MEA 时，20 μm 厚的膜在 1.8 A/cm^2 下实现了 0.82 W/cm^2 的 PPD，并且根据高频电阻估计氢氧化物电导率为 280 mS/cm。运行 10 h 后，膜过度膨胀和部分溶解，导致性能下降。Holdcroft 在聚（亚芳基咪唑鎓）主链中采用双咪唑鎓，发现 N- 甲基取代的咪唑鎓（PIm4-Me）膜具有最高的氯化物电导率，为 32.7 mS/cm。这可能是由于高 IEC 2.86 me quiv/g，但在 10 mol/L NaOH 中 80 ℃ 下处理 240 h 后仅保留 66% 的阳离子。该膜还具有本研究合成的膜中最高的拉伸强度（75 MPa）。Plm4-Bu 的氯化物电导率为 8.5 mS/cm，但在相同条件下保留了 98% 的阳离子，并在 70 ℃ 下实现了 0.25 W/cm^2 的 PPD。PIm4-Me 的 X 射线散射显示约

4、8 和 16 nm^{-1} 峰分别对应于单体-单体间距、阴离子-阴离子间距和阴离子-咪唑鎓间距。从 X 射线散射观察到，随着 N-烷基链长度的增加，咪唑鎓和抗衡阴离子之间的距离减小，这与他们的 X 射线衍射（XRD）结果一致。

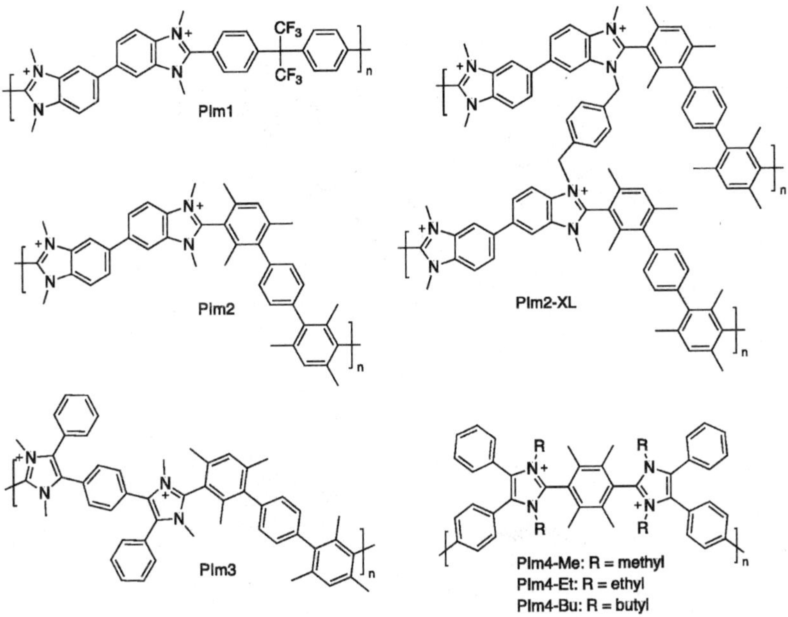

PIm1

PIm2

PIm2-XL

PIm3

PIm4-Me: R = methyl
PIm4-Et: R = ethyl
PIm4-Bu: R = butyl

图 6-14　聚（亚芳基苯并咪唑鎓）和聚（亚芳基咪唑鎓）的命名方案

6.2.4.3　聚（苯并咪唑）

Ding 和同事无法用 PIm1 形成薄膜，PIm1 是一种结构与 PIm2 相似的聚合物，但将长链连接基与咪唑鎓阳离子结合，比 PIm2 具有更好的成膜性和更高的电导率。由 PBI 主链组成的膜，具有与咪唑鎓连接的正丙基（PBI1）或己基（PBI2）连接基。据观察，较长的烷基链将主链与阳离子分开，更好地促进了相分离形态，从而允许更大的离子簇。这一发现得到了 SAXS 的证实，其中（PBI1）和（PBI2）的域间布拉格间距分别为 2.91 和 5.51 nm。尽管 IEC 略低，

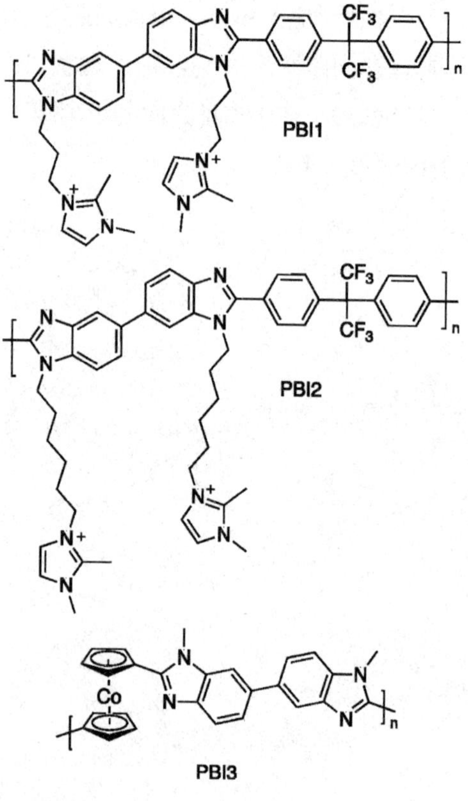

PBI1

PBI2

PBI3

图 6–15　聚（苯并咪唑）的命名方案

但较大的离子簇可能有助于氢氧化物传输，因为 PBI2 表现出比 PBI1 更高的电导率和 PPD。在 2 mol/L KOH 中处理 240 h 后，两种膜的电导率都损失了约 12%，这可能是由于咪唑鎓阳离子的降解。当在 60 ℃ 下暴露于芬顿试剂 120 h 时，观察到约 15% 的重量损失，表明聚合物容易因氧化而降解，这已被证明会导致 MEA 性能损失。

Ding 和同事继续制备了由 PBI 和咪唑功能化氧化石墨烯组成的纳米复合材料 AEM。将阳离子从聚合物主链转移到分散的纳米颗粒（NP）中，与 PBI1（17 mS/cm）相比，在 20 ℃ 时电导率更高，约为 50 mS/cm。复合膜在 60 ℃ 的 2 mol/L KOH 中放置 200 h 后电导率损失了约 15%，与 PBI1 相比，在更短的时间内电导率损失更高。Chen 等人合成的嵌入钴茂阳离子的 PBI 主链。在所研究的各种主链修饰中，PBI3（图 6–15）表现出最高的电导率，在 80 ℃ 时为 33 mS/cm，约为 PBI2 的一半。PBI3 在 60 ℃ 的 1 mol/L KOH 中处理 672 h 后电导率损失 15%~20%，在钴茂环和苯并咪唑环上观察到降解。

6.2.4.4　聚芴

聚芴（FLN）是另一种有前途的 AEM 聚合物主链结构，因为与聚亚苯基聚合物相比，它们易于合成、可使用溶剂加工、碱稳定性高，并且与催化剂之间不利的相互作用较低。Kim 及其同事证明，由于 FLN 主链的不可旋转性，与聚亚苯基聚合物相比，FLN 聚合物结构降低了电催化剂表面上苯基吸附的影响。作为离子聚合物，FLN1 比 PBP 具有更高的 MEA 性能，尽管离子聚合物具有相似的 IEC 和氢氧根电导率，但与 m–PTP 膜配对时，PPD 分别为 1.0 W/cm^2 和 0.37 W/cm^2。他们发现 MEA 性能与计算出的每个主链结构的吸附能密切相关，表明吸附可能是性能损失的原因。

Bae 和同事采用钯催化的 Suzuki 偶联合成了图 6–16 所示的 FLN4、FLN2 和 FLN3。这些 AEM 表现出低溶胀比、适中的水 WU 以及良好的氢氧化物电导率和稳定性。FLN4 在 80 ℃ 时表现出最高的电导率，为 124 mS/cm，IEC 高达 3.56 me quiv/g。高 IEC 产生的离子聚集可能导致 FLN4 膜在 80 ℃ 的 1 mol/L NaOH 中放置 168 h 后变得脆弱，尽管即使在 720 h 后也没有观察到化学降解。

为了获得更高的分子量，Miyanishi 和 Yamaguchi 使用钯催化的 CH 活化聚合来合成一系列类似于 FLN4 的聚合物，这些聚合物在主链中具有四氟苯基，并且与三甲基铵基团的连接基具有不同的尺寸。FLN5-Hex 在 70 ℃ 时实现了 156 mS/cm 的氢氧化物电导率，尽管 IEC 较低且在较低温度下测量，但比 FLN4 高 32 mS/cm。这一发现表明主链苯基组分的氟化促进了氢氧化物的电导率。在 80 ℃下，8 mol/L NaOH 中处理 168 h 后电导率损失 14%，NMR 发现季铵信号没有变化。相反，观察到氟化物被氢氧化物取代而导致主链降解，并可能随后因芳基醚形成而发生交联。虽然其他人发现更长的烷基链连接体可以导致更高的电导率，但 FLN5-Hex 具有最短的烷基连接基和最高的电导率。这可能是由于其具有较高的 IEC。6~10 个碳的连接体的电导率差异也可能小于 1~6 个碳的连接体的电导率差异。

Ono 等人还用氟化共聚单体合成了 FLNs；在这种情况下，二甲胺官能化芴与（全氟己烷 -1，6- 二）- 苯共聚，因为全氟化亚烷基单元可以提供更大的膜柔韧性和溶解度。胺用碘甲烷季铵化后，聚合物溶剂流延生产的 FLN6 可作为一种非常柔韧的薄膜，特别是对于由芳香族主链组成的薄膜。定量地说，IEC 为 0.75 me quiv/g 的 FLN6 能够实现伸长率突破 414%。该膜在 22.7 MPa 下最大应力达到了最高，IEC 为 1.47 me quiv/g。该膜还表现出最高的氢氧化物电导率，在 30 ℃ 和 86 下为 47.8 mS/cm。这一发现表明需要平衡膜特性与阳离子密度。据预测，对于具有较高 IEC 的膜观察到的过量 WU 会导致电导率下降。FLN6 膜表现出优异的稳定性，因为在 80 ℃ 的 1 mol/L KOH 中放置 1000 h 后没有电导率损失，而聚亚苯基类似物则失去了所有电导率。在 MEA 测试中，IEC 为 1.84 me quiv/g 的 FLN6 能够达到 0.515 W/cm^2 的 PPD，并且在 0.02 A/cm^2 下运行 1067 h 后，潜在损耗仅为 0.26 V 。虽然 MEA 表现出出色的稳定性，但稳定性研究通常需要更高的电流密度（> 0.2 A/cm^2），在比较 MEA 稳定性结果时应考虑到这一点。

Yang 等人通过 9，9-双（5-溴戊基）-芴与联苯和三氟丙酮的缩聚合成了一系列具有联苯和芴链段的聚合物。然后将所得聚合物用三甲基铵（FLN7-TMA）或大体积咪唑鎓取代（FLN7-Im4Me 和 FLN7-Im4Ph）。FLN7-TMA 在 30 ℃ 时表现出最高的电导率，为 78 mS/cm，而 FLN7-Im4Me 和 FLN7-Im4Ph 的电导率分别为 50 和 7 mS/cm。这种电导率趋势可能是由于膜的 IEC 差异造成的，但 FLN7-Im4Me 和 FLN7-Im4Ph 的 IEC 非常相似，分别为 1.49 和 1.36。然而，电导率存在巨大差异，这表明不仅仅是 IEC 发挥了作用。FLN7-Im4Me 的 WU 为 100%，而 FLN7-Im4Ph 的 WU 为 28%，并且非常脆。WU 较高的 FLN7-Im4Me 可能会更好地运输氢氧根。所有三种膜在 80 ℃ 的 2 mol/L NaOH 中放置 720 h 后仍保持其电导率，表现出出色的稳定性。当在 MEA 中实施时，FLN7-TMA 和 FLN7-Im4Me 分别产生 0.610 和 0.032 W/cm^2 的 PPD。虽然 FLN7-TMA 表现出中等的 PPD，但在 60 ℃、0.2 A/cm^2 的恒定电流密度下并不稳定，71h 后，PPD 下降至 0.235 W/cm^2，并且检测到通过叶立德形成和霍夫曼消除而导致的铵降解。如果 FLN7-Im4Me MEA 可以经过优化以产生更高的 PPD，那么鉴于其稳定性，它可能是 AEM 中很有前途的候选者。

Miyanishi 和 Yamaguchi 通过 Suzuki-Miyaura 偶联反应，然后进行 Wohl - Ziegler 和 Menshutkin 反应合成了基于螺二芴的 AEM，FLN8 和 FLN9。虽然聚芳烃的溶解度较差，但由此产生的扭曲结构会破坏聚合物链堆积，从而提高聚合物的溶解度和加工性能。此外，这种扭曲结构还可以促进链缠结，从而更好地形成薄膜。两种膜均显示出非常低的 WU，这可能是由于聚合物主链的疏水性所致。尽管 WU 较低，FLN9 在 70 ℃ 时表现出较高的氢氧化物电导率，为 82.6 mS/cm。此外，FLN8 和 FLN9 的氢氧化物电导率远低于其他具有类似IEC的芴AEM。

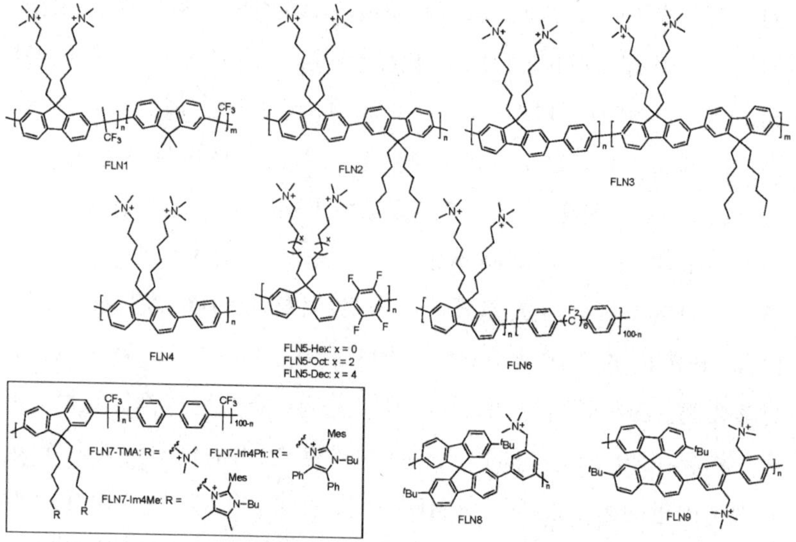

图 6-16　聚芴的命名方案

6.2.4.5　聚亚芳基聚合物

基于聚亚芳基的膜可以是高性能AEM，其氢氧化物电导率高达100 mS/cm，PPD高达1.45 W/cm^2。然而，由于构成主链的刚性芳香链段，此类膜可能非常脆。人们使用了各种策略来操纵机械性能，例如通过键合（间位与对位）、交联和使用柔性共聚单体来改变主链结构。此外，芳香族主链易于在阴极氧化，而苯基吸附是采用聚芳香族基膜的MEA的主要限制因素。因此，应研究具有较少芳香族部分的聚合物结构，因为它们在AEMFC中应用时，生产具有长期稳定性和性能的膜更有希望。

有许多因素会影响膜的性能和稳定性。AEM中掺入的阳离子会影响性能衰减率。在本章讨论的阳离子中，哌啶鎓、五取代咪唑鎓和四氨基鏻是最有希望在碱性环境中长期稳定的阳离子结构。

AEM 的聚合物主链将决定膜的机械性能，进而影响 AEM 的耐用性、吸水性和电导率。烃基聚合物在碱性条件下具有最高的主链稳定性。此外，脂肪族主链可以避免主链吸附在电催化剂上导致性能下降。即使对于最稳定的 AEM，可逆碳化仍然会导致性能损失，这对 AEM 的实施提出了重大挑战。用于测试 AEM 的条件，当处于 MEA 中时，也会极大地影响最终的性能。

总之，AEMFC 的性能近年来取得了巨大进步；在提高 AEMFC 的稳定性初始性能方面也取得了重大进展。开发非 PGM ORR 和 HOR 电催化剂以及高导电且稳定的膜 / 离子聚合物仍然是 AEMFC 的主要挑战。需要去除 CO_2 和优化水管理，以消除实际含 CO_2 和低相对湿度运行条件下 AEMFC 的性能损失，并了解水管理和催化剂 / 离子聚合物 / 膜界面处的质量传输有助于在大电流密度下保持最佳性能。未来 AEMFC 的开发应采用更实际的测试条件，包括较低的气体流速（尤其是氢燃料）、在阴极中使用空气以及更大的活性面积。实现低 PGM 和理想的非 PGM AEMFC 在空气中稳定运行数千小时将是 AEMFC 开发的最终目标。

主要参考文献

[1] YAO Y, CHEYENNE R, RUI Z, et al. Electrocatalysis in alkaline media and alkaline membrane-based energy technologies [J]. Chemical Reviews, 2022, 122: 6117−6321.

[2] ABRUÑA H D. Energy in the age of sustainability [J].Journal of Educational Chemistry,2013, 90: 1411−1413.

[3] PIVOVAR B. Catalysts for fuel cell transportation and hydrogen related uses[J]. Nature Catalysis, 2019, 2: 562−565.

[4] DEBE M. Electrocatalyst approaches and challenges for automotive fuel cells [J]. Nature, 2012, 486: 43−51.

[5] PIVOVAR B, RUSTAGI N, SATYAPAL S, et al. Hydrogen at scale (H2@scale) key to a clean, economic, and sustainable energy system [J]. Electrochemical Society Interface, 2018, 27: 47−52.

[6] SCHILLER M. Hydrogen energy storage: the holy grail for renewable energy grid integration[J]. Fuel Cells Bulletin, 2013, 2013:12−15.

[7] BORUP R. Scientific aspects of polymer electrolyte fuel cell durability and degradation [J]. Chemical Reviews, 2007, 107: 3904−3951.

[8] GASTEIGER H A, KOCHA S S, SOMALI B,et al. Activity benchmarks and requirements for Pt, Pt-alloy, and non-Pt oxygen reduction

catalysts for PEMFCs [J]. Applied Catalysis B:Environmental, 2005, 56: 9–35.

[9] TRASATTI S. Work function, electronegativity, and electrochemical behavior of metals: III electrolytic hydrogen evolution in acid solutions [J]. Journal of Electroanalytical Chemistry, 1972, 39:163–184.

[10] NØRSKOV J K, BLIGAARD T, LOGADOTTIR A, et al.Trends in the exchange current for hydrogen evolution [J].Journal of the Electrochemical Society, 2005, 152: J23–J26.

[11] SHENG W, MYINT M, CHEN J G, et al. Correlating the hydrogen evolution reaction activity in alkaline electrolytes with the hydrogen binding energy on monometallic surfaces [J].Energy & Environmental Science, 2013, 6: 1509–1512.

[12] DURST J, SIEBEL A, SIMON C, et al.Newinsights into the electrochemical hydrogen oxidation and evolution reaction mechanism [J]. Energy & Environmental Science,2014, 7: 2255–2260.

[13] SHENG W, ZHUANG Z, GAO M, et al. Correlating hydrogen oxidation and evolution activity on platinum at different pH with measured hydrogen binding energy [J]. NatureCommunication, 2015, 6: 5848.

[14] SUBBARAMAN R, TRIPKOVIC D, STRMCNIK D,et al.Enhancing hydrogen evolution activity in water splitting by tailoring Li+-$Ni(OH)_2$-Pt interfaces [J]. Science, 2011, 334: 1256–1260.

[15] STRMCNIK D, UCHIMURA M, WANG C, et al. Improving the hydrogen oxidation reaction rate by promotion of hydroxyl adsorption [J]. Nature Chemistry, 2013, 5: 300–306.

[16] SHENG W, GASTEIGER H A, SHAO HORN Y, et al. Hydrogenoxidation and evolution reaction kinetics on platinum: acid vs

alkaline electrolytes [J]. Journal of Electrochemistry Society, 2010, 157: B1529–B1536.

[17] STEPHENS I E L, BONDARENKO A S, GRØNBJERG U, et al. Understanding the electrocatalysis of oxygen reduction on platinum and its alloys [J].Energy & Environmental Science, 2012, 5:6744–6762.

[18] DOGONADZE R R, KUZNETSOV A M, LEVICH V G, et al. Quantumtheory of hydrogen overvoltage [J]. Russian Journal of Electrochemistry, 1967, 3: 739–742.

[19] DOGONADZE R R, KUZNETSOV A M, LEVICH V G, et al. Theory of hydrogen-ion discharge on metals: case of high overvoltages [J]. Electrochim Acta, 1968, 13: 1025–1044.

[20] MCINTYRE J D E, SALOMON M. Kinetic isotope effects in the hydrogen electrode reaction [J].Journal of Physical Chemistry, 1968, 72: 2431–2434.

[21] DOGONADZE R R, KUZNETSOV A M, VOROTYNTSEV M A, et al. The kinetics of the adiabatic and nonadiabatic reactions at the metal and semiconductor electrodes [J]. Acta ChimicaSinica, 1972, 44: 257–273.

[22] WILHELM F, SCHMICKLER W, NAZMUTDINOV R R, et al. Amodel for proton transfer to metal electrodes[J]Journal of Physical Chemistry C,2008, 112: 10814–10826.

[23] GÓMEZ-MARÍN A M, RIZO R, FELIU J M,et al. Oxygen reduction reaction at Pt single crystals: a critical review [J].Catalysis Science & Technology,2014, 4: 1685–1698.

[24] DAMJANOVIC A, GENSHAW M A, BOCKRIS J O. The mechanism of oxygen reduction at platinum in alkaline solutions with special reference to H2O2[J] Journal ofElectrochemisry Society, 1967, 114:

1107-1112.

[25] MARKOVIC N M, GASTEIGER H A, ROSS P N, et al. Oxygen reduction on platinum low-index single-crystal surfaces in alkaline solution: rotating ring disk Pt (hkl) studies [J].Journal of Physical Chemistry, 1996,100: 6715–6721.

[26] BRIEGA-MARTOS V, Herrero E,Feliu J M. Effect of pH andwater structure on the oxygen reduction reaction on platinum electrodes[J]. Electrochimica Acta, 2017, 241: 497–509.

[27] ORTS J M, GOMEZ R, FELIU J M, et al.Potentiostatic charge displacement by exchanging adsorbed species on Pt(111) electrodes-acidic electrolytes with specific anion adsorption [J].Electrochimica Acta, 1994, 39: 1519–1524.

[28] CLIMENT V, FELIU J M. Thirty-year of platinum single crystal electrochemistry [J]. Journal ofSolid State Electrochemistry, 2011, 15: 1297–1315.

[29] MARKOVIC N M, ADZIC R R, CAHAN B D,et al. Structural effects in electrocatalysis: oxygen reduction on platinum low index single-crystal surfaces in perchloric acid solutions [J]. Journal of Electroanalytic Chemistry, 1994, 377: 249–259.

[30] SERP P, CORRIAS M,Kalck P, Carbon nanotubes and nanofibers in catalysis[J]. Applied Catalysis A: General, 2003, 253: 337–358.

[31]SUR U K. Graphene: a rising star on the horizon of materials science [J]. International Journal of Electrochemistry, 2012, 2012: 1–12.

[32] KORDESCH K V. Characterization of hydrogen (carbon) electrodes for fuel cells [J].Electrochimica Acta, 1971, 16: 597–602.

[33] TROGADAS P, FULLER T F, STRASSER P. Carbon as catalyst

and support for electrochemical energy conversion [J]. Carbon, 2014, 75: 5–42.

[34] DICKS A L. The role of carbon in fuel cells [J]. Journal of Power Sources, 2006, 156: 128–141.

[35] WANG D W, SU D. Heterogeneous nanocarbon materials for oxygen reduction reaction [J].Energy & Environmental Science, 2014, 7: 576–591.

[36] PANTEA D, DARMSTADT H, KALIAGUINE S, et al. Electricalconductivity of conductive carbon blacks: influence of surface chemistry and topology[J]. Applied Surface Science, 2003, 217: 181–193.

[37] MAURYA S, SHIN S H, KIM Y,et al. A Review on recent developments of anion exchange membranes for fuel cells and redox flow batteries [J]. RSC Advance, 2015, 5: 37206–37230.

[38] HAGESTEIJN K F L, JIANG S, LADEWIG B P. A review of the synthesis and characterization of anion exchange membranes [J]. Journal of Materials Science, 2018, 53: 11131–11150.

[39] WANG Y J, QIAO J, BAKER R, et al. Alkaline polymer electrolyte membranes for fuel cell applications [J]. Chemical Society Reviews,2013, 42: 5768–5787.

[40] ARGES C G, ZHANG L. Anion exchange membranes' evolution toward high hydroxide ion conductivity and alkaline resiliency [J]. ACS Applied Energy Materials, 2018, 1: 2991–3012.